SAFE-TY DESIGN

안전 디자인

―

이경돈 · 최정수

SEOWOO
PUBLICATIONS

Contents

머릿말

사회는 끝없이 진화한다. 사회는 경제적인 부분에서든 문화적인 부분에서든 발전과 확장을 미덕으로 생각하며 스스로 진화해 거대해져왔다. 하지만 사회가 거대해지고 복잡해질수록, 우리를 위협하는 위험요인은 더욱 늘어나게 되었다. 인구의 확장과 도시집중을 해결하기 위해 만든 거대 건축물은 붕괴, 화재 등의 사고를 발생시켰고, 편리한 이동을 위해 만든 교통수단들은 하루가 멀다 하고 수많은 사고를 일으켰다. 풍요로운 음식들은 혀를 즐겁게 해주었으나, 각종 질병들을 동반했고, 산업전반을 진일보시킨 공장제의 도입은 지구 온난화를 일으켜 자연재해의 원인이 되었다. 산업과 경제의 발전은 인류에게 재해에 대한 과제를 남겼다. 인류가 만든 거대사회는 삶의 질을 높이기 위해 진화했지만, 스스로 또 다른 위험을 만들며 인류를 위협하고 있는 것이다.

우리가 경험하고 있는 위험의 종류와 범위는 실로 다양하다. 아침에 눈을 떠서부터 잠들 때까지, 심지어는 잠을 자면서도 우리는 각종 위험요소로부터 위협을 받고 있다. 인류의 평균수명은 늘었지만, 전에는 발생하지 않았던 사고로 인한 사망은 더욱 늘어갔다. 이를 해결하기 위해 각 사회는 사회 구성원들의 안전에 대한 대비를 하게 된다. 일차적으로 위험을 겪었던 사례의 경험을 통하여 예방과 대비 방책을 진행했다. 안전에 대한 예방책은 관습화 되었고. 그 관습은 제도화되고 법규화 되었다. 이렇게 사회는 나름대로의 사회유지를 위해 노력하여왔다.

하지만 안전규범은 위험보다 언제나 한 발 늦다. 이것은 안전에 대한 규범이나 법규는 다분히 소극적이어서, 위험요소로 인한 사고가 발생하지 않으면, 평소에는 자각하지 못하는 경우가 많기 때문이다. 한 사고를 두고 입장과 시각 그리고 전문성에 따라 대응방안이 다른 경우도 있다. 안전에 대한 제도와 시스템이 제대로 갖추어지지 않았다면 더욱 그렇다.

실제 사고나 재난을 예측하지 못하여 예방이 불가능하고, 상황에 닥쳤을 때에는 대처에 대한 행동체제가 미흡한 것이 사실이다. 안전을 전제로 한 행정, 제도, 법규, 예방, 대비, 대책, 수습 등에 대하여 구체적 시스템을 갖추는 것이 필요하다. 그리고 그 내용에는 안전디자인이 포함되어야 한다.

사실 안전디자인의 개념은, 우리가 인지하거나 언급하지 않은 상황에서도 이미 여러 분야에 적용되어왔다. 안전핀, 고무장갑, 냄비손잡이, 신발, 보안장비 등..... 이제 안전을 위한 디자인들을 체계적으로 연구하고 보다 적극적인 안전한 사회의 구현을 이루어내는 시도가 필요하다. 안전은 그 어떤 가치보다 중요한 것이기에 안전디자인의 출현은 필연적이다.

사회의 미덕은 사회 구성원의 삶이 향상되도록 노력을 지속하는 것이다. 그리고 인류의 욕구는 언제나 끝이 없어서, 계속 발전을 이어갈 것이다. 그리고 위험한 상황 또한 발전의 결과에 비례하여 증가할 것이며 그 위험에 대한 극복 또한 반복될 것이다.

이제 우리 사회의 미덕은 물리적 발전에서 안전에 대한 구조적 발전으로 거듭나야한다. 그러기 위해, 적극적으로 그 위험의 고리를 파악하고 개인과 사회를 넘어, 전 인류의 안전한 번영을 위한 안전디자인에 집중해야 한다.

우리 주변의 수많은 사고를 원천 차단 할 수는 없을 수 있으나 최대한 예방 할 수는 있다. 이 책을 통해, 안전디자인이 존재함을 알리고, 모든 디자이너들의 안전에 대한 배려와, 전문가와 관계자들의 안전디자인에 대한 인식을 변화시킬 수 있는 계기가 되었으면 한다. 이를 통해 우리 모두의 생활이 보다 더 쾌적하고 행복해지기를 기원한다.

甲午年 正月 著者

생명과 환경 그리고 인간

01

01

수 십 억년 전 지구가 탄생하고 오늘에 이르기까지 수많은 생명체가 출현하였다. 오랜 시간이 흐르는 동안 지속하는 생명체가 있는 반면에 지금은 멸종되어 화석으로만 남아 있는 생명체도 있다.

생명체가 지구상에서 사라진 이유에 대하여 여러 가지 추측이 있지만, 설득력을 갖는 이론은 그 생명체가 삶을 유지할 수 있는 자연의 환경 변화가 원인이라는 것이다. 빙하기(glacial age)와 간빙기(interglacial age)를 거치면서 기후 환경은 지구상의 생명체에게 지대한 영향을 미쳤다. 기온이 낮아지면 식물이나 플랑크톤이 자랄 수 없게 된다. 식물이 자랄 수 있는 환경이 마련되지 않으면 식물을 먹고사는 초식동물로부터 생명을 유지하기에 어려워지면서 먹이사슬(food chain)전체에 이상이 발생하게 된다. 순환의 평형을 이루지 못하는 환경에서 적응하거나 극복하지 못한다면 생명을 유지 할 수 없게 되는 것이다.

자연에서 생명체는 생명의 유지를 위하여 반응하고 행동하며 진화한다. 그래서 생명체는 자신의 생명을 유지하기 위하여 자연 환경에 대응한다. 주변으로부터 자신을 보호하거나 자신에게 적합한 환경을 찾아 이동을 한다. 먹이를 찾고, 집을 짓거나 숨을 곳을 찾는 행동이 그 사례이다. 계절에 따라 이동하는 철새와 초식동물의 행동은 자신의 먹이가 있고 지내기 편리한 최적의 환경을 찾아가는 것이다. 동굴, 땅속, 나무 속 등에 집을 짓는 행동은 보호를 위한 본능의 행동이다.

동물만이 아니다. 벵골보리수(Banyan Tree)는 수분의 증발을 막기 위해 건기 동안에는 나뭇잎을 만들지 않는다. 마치 죽은 나무처럼 보이지만 우기에 들면 나뭇잎이 나온다. 환경에 대응하는 식물의 활동이다.

주변의 나무들과 대비를 보이는 ▶
타프롬사원의 벵골보리수
Cambodia Angkorwat

　만물의 영장 인간도 지구상의 생명체로서 자신의 삶을 위하여 자신의 본성에 따라
자신을 보호하였다. 진화에 따른 인간은 네 발에서 두 발로 걷게 되었고 보행 중에
발을 보호하기 위해 신발을 착용했다. 추위와 짐승들로부터 신체를 지키기 위해의류
도 인류의 역사에 등장시켰다. 외부의 자극으로부터 신체를 보호하기 위한 신발과
의류는, 이후 원초적 기능에 디자인 가치가 더해지며 환경과 문화 및 용도에 따른
다양하게 제작되었다. 이렇듯 보호에 대한 본능적 의식은 생명체가 생존하기 위한
중요한 개념으로 자연적으로 발생하고 존재하고 있는 것이다.

인간의 진화 ▶

　과연 인간에게 이상적 환경은 어떠한 것일까? 인간을 척도로 하는 최적의 환경을
구현하기 위하여 우리는 인간의 니즈를 정의하고 실현하기 위하여 충분한 준비를 하
고 있는 것일까? 우리 사회의 전문가들은 재난을 피하기 위한 관심을 보편적 접근
이상으로 최선의 노력을 하고 있는 가를 자문해보아야 할 것이다.

인간의 욕구

02

02

인간은 만족할 수 없는 욕구(needs)를 갖고 있다. 그래서 인간의 행동은 만족하지 못한 욕구를 채우는 것을 목표로 한다.

심리사회학자 에이브러험 매슬로우[1]의 연구에 따르면 인간의 욕구는 기본욕구에서 부터 상위욕구까지 5단계로 이루어져 있고 기본적인 욕구가 채워지면 인간은 상위욕구를 채우려 한다고 하였다. 그중에서 가장 기본적 욕구는 생리적 욕구이고 그 다음 단계에 안전에 대한 욕구가 자리하고 있다.

1단계에 해당하는 생리적 욕구(Physiological Needs)는 의, 식, 주에 해당하는 것으로 생명을 유지하기 위한 욕구이다. 2단계의 안전욕구(Safety Needs)는 신체적 위협이나 심리적 불확실성에서 벗어나려는 욕구이다. 질병, 사고, 위험으로부터 자신을 보호하고자 정서적 물질적 안전을 추구하는 욕구이다. 소속감 욕구(Belongingness Needs)와 존경욕구(Esteem Needs) 및 자아실현욕구(Self-Actualization Needs)에 비하여 우선적으로 필요를 느끼는 것이 바로 안전에 대한 욕구이다.

우리가 살아가는 생활환경, 특히 많은 사람들이 모여 사는 현대의 생활은 기능적 편리를 추구하며 사람과 물건, 정보, 에너지를 집적하여 발전하였다. 그러나 생활환경의 편의를 위해 구축된 기능적 인프라는 언제든지 파괴될 수 있는 위험성도 동시에 가지고 있다.

이러한 상황에서 안전은 인간의 생활과 관련된 욕구 중에서 우선되는 가치로 자리잡고 있다. 이미 안전은 선택이 아닌 필수이다. 안전이 우선되는 삶은 가장 인본의 저변에 위치하는 것이고 안전은 이미 인간의 생활 가운데 중요한 사안으로 존재하고 있다.

---

[1] Abraham Maslow's 1908.~1970. 미국의 심리학자. 이본주의 심리학 창설을 주도.

현대 인간의 사회가 거대화되고 다양화되면서 환경의 측면에서 다른 것보다 우선해야할 욕구가 소홀하게 취급되기도 한다. 인구의 증가와 집중으로 조성되는 도시환경은 기술의 발달이 가져온 산물들로 가득 채워지고 풍요로운 사회로 다변화 되고 있다. 그러나 시민들이 그들의 환경에서 가장 우선적으로 보장받고 필요로 하는가에 대하여 가볍게 여기고 있다.

▲ Abraham Maslow's Hierarchy of Needs

　삶의 환경에 사회구성원의 기본욕구를 충족시키는 강력한 수단으로 "안전디자인"은 사회구조의 생활전반에 녹아들어야한다.

인간의 환경과 재난

03

03

인간의 환경과 재난

Human Environment,
Disaster

1) 사회의 변화

산업사회의 발달로 인해, 인류는 그 어떤 세대에서도 누리지 못했던 문명의 시대에 도래하였고 사회적 풍요를 누리게 된다. 사회적 풍요는 효율적이고 기계적인 구조를 기반으로 우리생활 속에 침투했다. 하지만 기계적구조의 사회는 구성원들에게 끝없는 경쟁과 환경의 변화를 강요했다. 본질적으로 사회적 풍요는 유형적 개발을 통한 물리적 풍요로움을 선사했으나, 인류가 살아가는 목표인 "삶의 질"향상을 기반으로 생활을 변화시키기에는 미흡한 부분이 많았다. 이는 우리의 사회가 사회적 가치의 중요도를 "삶의 질" 보다는 외형적 영역구축에 많이 두었고, 사회구성원들도 가치의 비중을, 경제발전에 두었기 때문이다.

그러나 경제위주의 사회풍조가 격화되면서 사회구성원들은 경제발전 속에서 부속화되고 끝내는 버려질 운명에 처해진 자신들의 삶에서 불안을 느끼기 시작했다. 또 한편으로는 끊임없이 요구되는 발전에 대한 사회적 압박에 대해 환멸과 두려움도 느끼기 시작했다.

시대 공동의 목표가 자신들의 개인의 삶은 보장해주지 못한다는 것을 깨달은 구성원들은, 이러한 위기에 대한 대처방안으로 사회안전망구축을 통한 "수평적 구조의 사회"를 꿈꾸기도 했다.

◁ Modern Times,
Charles Chaplin, 1936

이 같은 사회적 분위기 속에서 사회안전망의 기본인 "개인의 안전"에 관한 문제가 비중을 갖기 시작하였다.

그 동안은 일률적인 가치를 강요했던 국가주도의 목표가 생활을 지배했다면, 수평적구조사회에서는 개인의 목표가 국가의 목표로 확장되기 때문이다. 또한 개인의 삶을 영위하는데 기본적 전제가 "안정되고 안전한 삶"이기 때문에 안전은 점차 중요한 문제로 부각되고 있다.

특히, 인공으로 조성된 도시에서의 삶은 인간의 환경을 만족스럽게 갖춰내기에는 역부족이었다. 그로인해, 기존에는 발생하지 않았던 사고(자연재해, 범죄, 질병 등)가 생활환경전반에서 증가하며, 이제 안전은 기본적 전제를 넘어 생활의 필수요소로 자리매김하고 있다.

2) 인공환경의 재난

사회의 변화를 주도한 과학과 산업의 발달은 인류에게 새로운 편리를 제공하기에 노력하였다. 도시의 성장은 토목과 건축기술의 발달에 탄력을 받으며 전기의 보급, 교통수단과 정보통신 기술의 혁신에 더욱 놀라운 성장을 할 수 있었다.

건설은 인간의 환경을 개선하기 위한 작업이다. 건설의 과정에서 사고를 대비하는 안전에 대한 고려는 이미 오래전부터 중요사안으로 자리하고 있었다. 고대로부터 거대한 건축물을 축조하기 위하여 동원하였던 수많은 인력들은 오늘날의 건설현장과 다를 바 없이 부상, 화재, 추락 등의 사고가 있었음은 물론이다.

건축물이 완성된 이후에도 자연의 재해, 부실한 공사, 관리 소홀, 무리한 증축 등의 원인으로 붕괴되는 경우도 다를 바 없다. 인간을 위한 인공환경이 인간에게 재난으로 되돌려지는 경우이다.

◀ 상시 위험요소가 산재한 건설현장
　공사장 붕괴 및 추락사고

◀ 구조적 결함의 재난
　2007 미국 미네소타
　미니애폴리스 교량 붕괴

◀ 부실공사와 관리 소홀
　1994 서울
　성수대교 붕괴

◀ 용도변경, 설계변경, 부실공사,
　설계하중 초과, 유지관리 부실의 결과
　1995 서울
　삼풍백화점 붕괴

현대 건축기술의 발달로 초고층의 거대 건축물이 건립되면서 우리에게 생활의 이점을 주는 한편으로 여러 가지 재난의 위험을 안겨준다. 자연의 재해와 테러에 무방비로 노출되어 있다.

고층에서는 내부에서 외부로 탈출이 거의 불가능할 뿐 아니라, 화재가 발생한다면 엘리베이터의 사용이 불가능하고 아래층에서 불이 난 경우 피난계단을 이용하여 탈출한다는 것이 결코 쉬운 일이 아니다.

외부에서 구인은 저층부의 극히 일부분에 해당하고 외부에서는 진화 작업도 거의 불가능하다. 또한 화재는 세계적 중요 문화재의 소실로 이어지는 잔혹한 사고이기도 하다.

◀ 항공기 납치 동시 자살 테러
2001 미국 뉴욕
세계무역센터 쌍둥이빌딩 붕괴

◀ 방화에 예방과 대응 미흡
2008 서울
남대문 소실

현대의 건축물에 사용하는 에스컬레이터와 엘리베이터는 사용자의 편리를 위하여 설치한 시설이지만 급작스러운 기계 작동의 정지, 고장 등으로 예기치 못한 사고를 유발시킨다.

에스컬레이터의 틈새는 신체와 신발 또는 의류가 끼일 경우 흉기로 돌변한다. 갑작스러운 정지는 사용자에게 치명적이기도 하다. 엘리베이터, 자동도어, 회전도어 등도 편리함을 전제로 개발되어 사용되고 있지만 수많은 사고를 발생시키고 있다.

에스컬레이터에는 다양한 안전에 대한 고려가 있고 주의를 요하는 안내가 있지만, 예기치 못한 사고가 발생하고 있다.

회전문과 자동문은 생활의 편리함을 위한 장치이다. 그러나 사고로부터 완전한 안전을 보장하지는 못한다.

세계 각지에 세워진 도시와 도시를 연결하고 많은 인원과 대량의 물류를 이동하기 위한 이동수단도 놀라운 진화를 거듭해왔다.

　가솔린 엔진의 자동차로 벤츠사의 페이턴트 모터바겐이 제작된 이후 자동차 기술의 척도에 속도가 포함되면서 개발되어왔다. 오늘날에는 우리의 일상에 빠질 수 없는 이동수단으로 자리하고 있다. 자동차의 개발이 인류의 삶에 긍정적인 기여도 있지만 반면에 위험요소로도 작용하고 있다. 도로를 질주하는 자동차는 보행자에게, 자동차 운전자에게도 위협적인 존재이다.

▲ Patent-Motorwagen 1885　　　　　　▲ Car Racing

　버스와 철도 및 선박은 이동량을 증가시키는데 한몫을 하였다. 거대한 내연기관을 사용하게 되면서 환경을 오염시키는 주역이기도 하다.

대량 수송을 위한 버스와 철도는 동시에 많은 인원이 이동하는 효과적 교통수단이다. 그러나 사고가 발생하면 동시에 많은 사람에게 상해를 입힌다.

유조선의 기름유출은 자연의 생태계까지도 파괴하고, 대형 크루즈는 대형 해난사고로 이어지기도 하는 안타까운 기록을 남기기도 했다.

◀ 바다를 이동하는 대형 크루즈로 인한 해양 사고의 경우 구인과 구난이 더욱 어렵다.

◀ 1912년 당시 세계최대의 해난사고 빙산이 선박의 우현을 스치면서 측면이 파손되었다. 타이타닉호의 침몰로 1500여명이 희생되었다.

◀ 유조선의 사고는 선박의 사고이기도 하지만 기름이 유출되면서 바다의 생태계를 파괴한다.

비행기는 보다 빠른 교통수단으로 세계 각지의 하늘을 누비고 있다. 사고율은 자동차와 철도에 비해 현저하게 낮다. 기술의 발전으로 항공기의 안전도는 계속 올라가고 있다. 그러나 사고가 발생하면 치명적이다.

빠른 속도, 밀폐된 공간, 하늘을 날고 있다는 비행기의 특성은 사고가 발생하였을 때 구조 활동을 어렵게 하는 여건을 갖고 있다.

교통수단 사고의 원인은 운전자의 부주의, 조정 미숙, 운전 과실, 정비 소홀, 안전수칙 미이행, 자연에 영향을 받은 재해 등으로 발생한다. 주로 사람의 행동이 관건이다. 위험에 대한 불감증이다.

교통수단을 비롯하여 우리의 생활 주변에 존재하는 모든 요소들은 위험요소를 갖고 있다 해도 과언이 아니다. 가전제품은 전기를 사용하고 있어 감전의 위험이 항상 도사리고 있다.

주방의 칼이나 작업 공구와 같이 제품 자체가 위험한 것도 있다. 제품의 기능상 필요하지만 위험을 수반하는 제품이 우리 주변에 즐비하게 놓여있다.

그 사례로는 다리미의 열, 청소기의 흡입, 면도기의 날, 주전자의 증기, 전자렌지의 전자파, 압력밥솥의 압력 등이다. 어느 하나 위험으로부터 안전하다고 보장 할 수 없다.

현대인의 필수품이 되어있는 휴대폰은 손을 다치지 않게 마감되어 있다. 그러나 휴대폰 배터리의 폭발 사건으로 위험한 물건이 되었다.

폭발의 원인은 휴대폰이 아니라 배터리의 품질문제이지만 파급은 휴대폰으로 귀결되고 만다. 전기자동차의 화재 또한 배터리의 결함이 원인이지만 전기자동차의 위험으로 인식되게 한 것도 같은 경우이다.

◀ 휴대폰과 배터리

생활의 에너지원으로 가스와 전기는 가스누출과 누전으로 화재를 일으키는 원인이 된다. 가스폭발은 건물을 붕괴 시킬 정도로 대단히 위협적이다.

▲ 생활 에너지 가스와 전기

인공환경에 의한 재난은 관리 소홀이나 정비 또는 조정 미숙으로 사고가 발생한 다. 하지만 때로는 제품의 설계로부터 완성까지 안전에 대한 고려가 부족하거나 제 작 당시 부실함에도 원인이 있다.

3) 자연 환경의 재해

인간에 의해 만들어진 산물에 대한 재난과는 다른 것이다. 인간이 통제하거나 조정하기 어려운 자연의 영향에 의한 재난은 우리에게 엄청난 피해를 준다.

태풍, 홍수, 폭설, 산사태, 눈사태, 지반침하, 지진, 화산폭발, 해일, 가뭄, 황사, 전염병 등의 영향이다. 지진이나 기상에 관한 정보를 바탕으로 재난을 예측하는 프로그램이 있지만 충분한 대비 시스템은 부족한 실정이다. 자연 환경에 의한 재해는 대비도 중요하지만 수습과 복구를 위한 시스템 또한 중요하다.

▲ 지진 칠레 2010

▲ 홍수

▲ 화산폭발 아이슬란드 2010

▲ 산불

지구의 자연은 변화무쌍하다. 근래에 들어 산업사회의 산물로 등장한 공해는 지구의 온난화라는 환경의 이변을 만들었다.

지구온난화를 비롯한 환경 파괴의 주역으로 꼽히는 이산화탄소 배출은 화석연료를 사용하는 인간의 활동에 기인한다. 폐수와 폐기물도 한몫을 한다. 인간은 자신을 위하여 생산, 소비, 이동하면서 그 과정에서 위험요소를 늘려가고 지구환경까지도 악화시키고 있는 것이다.

환경오염으로 빚어진 지구환경의 변화는 결국은 인간의 영향이다. 그리고 인간은 자신을 위한 행동이 초래한 결과로 자연의 재해와 마주하고 있다. 이러한 악순환의 사이클을 막으려는 많은 노력이 진행되고 있다. 안전디자인 또한 그 노력 중의 하나이다.

안전에 대한 관심

04

04

사회의 발달과 함께 위험의 잠재적인 요인이 양적으로 그리고 형태적으로 증가하였다. 오늘날 도시는 우리의 '안전'을 위협하는 여러 가지 실질적인 요소들이 산재하여 있음에도 불구하고 '불감증'이라는 표현을 쓸 만큼 그것에 대해 무관심하다. 사회 내 위험요인이 증가하자 사회구성원의 삶의 질을 고양시키고자하는 공공의 영역에서도 "안전"의 요소에 대한 인식이 신장되었다. 이러한 사회적 분위기를 타고 안전성에 대한 검증이 계속적으로 요구되며, 생활환경 전반에 걸쳐 실용적이고 자생적인 메커니즘을 바탕으로 한 기술적부분의 발달이 시도되어왔다. 그러나 행정위주의 법률적용에 의한 비합리적이고 일방적인 규제로 인해, "안전"요소의 적용에 대한 비효율적인 시스템이 자리잡게 되었다.[2)]

이미 여러 분야에서 안전을 규정하는 제도와 법안이 있지만 사회의 안전을 전반적으로 다루기에는 역부족이다.

1) 안전 관련 제도

법규는 일반 국민의 권리와 의무에 관계하는 것이다. 우리나라에도 교통안전법, 산업안전보건법, 식품안전법, 전기용품안전관리법, 제품안전기본법, 해사안전법, 선박안전법, 철도안전법 등 안전을 대상으로 하는 다양한 법규가 제정되어 있고, 그 내용에는 직간접으로 디자인이 해결해야하는 아이템들을 포함하고 있다. 그 중에서 제품안전기본법과 산업안전법은 안전디자인과 밀접한 연계를 갖고 있다.

---

2) 최정수, 지하복합공간의 안전디자인 가이드라인에 관한 연구, 2011, p.18

제품안전기본법은 제품의 안전성을 확보하고, 제품으로 인하여 위해가 발생하는 경우 그 피해를 최소한으로 줄이기 위하여 제품의 생산·조립·가공이나 수입·판매·대여 또는 사용과 관련된 행위를 하는 때에는 안전을 우선적으로 고려함으로써 국민이 제품으로부터 안전한 사회에서 생활할 수 있도록 함을 기본이념으로 한다. 결함이 없는 안전한 제품을 고객에 제공되는 것을 제품안전이라 정의하고 있다. 제품은 본래 사람들의 생활을 향상시키는데 기여하기 위해 생산되는 것이다. 고객은 제품이 일반적으로 사용되는 효용(效用)을 가지고, 안전하게 사용할 수 있다는 조건하에서 가치를 판단하고 구매하게 된다. 이러한 기대를 배반하는 결함제품이 출하되는 것을 예방하고 경우에 따라 시장의 결함제품으로부터 고객의 이익을 옹호하려고 제조물책임예방(product liability prevention)체제의 확립이 요구되고 있다.

산업안전법은 산업 활동 중에 일어나는 모든 재해나 사고로부터 근로자의 생명과 건강을 보호하고, 산업 시설을 안전하게 보호 및 유지하는 모든 활동을 규정하고 있다. 또한 산업재해가 일어날 가능성이 있는 건설물, 장치, 기계, 재료 등의 손상, 파괴 등의 위험으로부터 안전성을 확보하는 목적을 갖고 있다.

안전관리분야의 자격제도로 '기사자격증'은 건설안전기사, 산업안전기사, 산업위생관리기사, 소방설비기계기사, 가스산업기사, 위험물산업기사 '기술사'는 건설안전기술사, 전기안전기술사, 산업위생관리기술사, 화공안전기술사가 있다. 일종의 개인사업면허로 '산업안전지도사'는 기계, 전기, 화공, 건설에 대하여 발급되고, 교통안전업무를 전담하는 '교통안전관리자' 자격시험은 도로, 철도, 항공, 항만, 삭도로 나뉘어 시행되고 있다.

산업통상자원부 산하 기술표준원은 공공장소 및 작업장에 사용하는 그림표지에 대한 국가 표준(KS)을 마련하고 있다. 안전관련 표지는 안전유도, 화재안전/긴급, 금지, 경고/주의, 지시로 구분하고 있다.

- 안전유도 표시

| 비상대피소 | 비상시 깨고 여시오 | 의무실 | 들것 | 자동심장충격기 |

- 화재안전/긴급 표시

| 전기 화재 소화기 | 소화기 | 수영 금지 | 조작 금지 | 비상전화 |

- 금지표시

| 출입금지 | 화기엄금 | 수영 금지 | 조작 금지 | 쓰레기 금지 |

- 경고/주의표시

| 보행자주의 | 감전 주의 | 머리 위 주의 | 인화물질 경고 | 위험경고 |

- 지시표시

| 사용후 전원차단 | 접지하시오 | 손을 씻으시오 | 용접마스크 착용 | 안전모착용 |

| 마스크 착용 | 보안면 착용 | 방독면 착용 | 안전복 착용 | 안전대 착용 |

2) 국내 안전디자인의 전개

행정적 관여가 사회 일반적인분야에도 높아짐에 따라, 공공성에 대한 사회적 관심도 점차 확대 되었다. 디자인영역에서도 디자인의 "공공성"을 중심으로 "공적영역"을 디자인 하는 "공공디자인" 분야가 출범, 발달하게 된다.[3]

공공디자인은 "공공영역"을 디자인한다는 부분에서 자칫 정부와 기관에 의한 하향식디자인구조 혹은 수직적 구조에 의한 디자인 결과물이라고 오해할 수 있지만, 실제로 공공디자인은 사회구성원 각각의 의사결정이 사회에 적용되는 상향식디자인프로세스라 볼 수 있다. 공공디자인은 기존의 디자인이 가졌던 경제성의 가치보다 우선하는 공공과 문화의 가치를 가지고 있다는 점에서 사회적 영역 차원의 디자인복지이다.

공공디자인이 수평적구조의 매커니즘을 기반으로 존재한다는 부분에서 개인과 사회의 "안전"은 그 맥락을 같이 한다. 이에 공공디자인은 "안전"의 중요성을 부각시켰고, "안전디자인"을 태동시켰다

2009년 안전행정부(당시 행정안전부)에서는 "사회적 안전수준의 향상을 도모하기 위해 국민생활관련 공간, 시설, 용품 등에 "안전기능"과 "미적디자인"을 결합하여 안전수준을 향상시키는 창의적, 실용적 활동"을 안전디자인이라고 규정하였고, 2010년 안전행정부(당시 행정안전부)의 안전문화선진화 추진계획의 재난인권정책방향에서는 안전디자인을 "제품, 시설, 공간 등에 설계, 제조, 건축, 운영 등의 형태로 적용되어 주(主)기능의 "안전" 달성도를 높이고, 타 기능과의 상승적 융합을 통해 사회안전수준을 향상시키는 것"이라 정의하였다.

위의 두 정의는 디자인과 안전디자인의 역할에 충실한 정의라 볼 수 있다. 하지만 위의 정의에는 몇 가지 문제가 있다. 하나는 결과물에 대한 문제이고, 다른 하나는 범위에 대한 문제이다.

---

3) ibid. p.18

안전디자인의 적극적 도입은 "2009년 국회안전디자인 포럼"을 통해 이루어졌으며 이를 시작으로 "2010년 공공디자인엑스포"내에 안전디자인관 전시, "2010년 안전디자인 심포지엄개최"로 이어졌다.

"2009년 국회안전디자인 포럼"에서는 "안전디자인은 안전과 디자인이 합쳐진 단어이다. 안전이 요구되는 사물, 공간, 행위 등에 디자인의 개념을 적용하여 안전하면서도 사용하기 쉽고, 쓰기 편리하며, 보기 좋고 사용을 하면서 좋은 느낌을 얻을 수 있도록 배려하는 디자인이다."라고 정의하고 있다.

기존의 안전이 안전을 위해 행위자의 행동이나 주변과의 조화, 사용상의 불편 등을 초래했다면 안전디자인이 적용된 물건, 공간, 행위 등은 이러한 문제점들이 상당 부분 개선되거나 획기적인 아이디어의 적용으로 전혀 새로운 모습을 가진다는 특징을 보이며, 법률적, 공학적 접근만으로는 안전에 대한 문제가 해결될 수 없으므로 총체적이고 동시에 국민의 눈높이에 맞는 방향으로 통합될 때 해결방안이 만들어짐을 주장했다.

또한 "안전"에 "디자인"을 합해 모두가 알기 쉬운 구체화 된 디자인정책이 만들어질 때 안전에 대한 소통과 커뮤니케이션이 이루어진다고 발표했다. 이처럼 포럼에서는 안전디자인의 필요성과 개념 및 정의에 관한 정립을 주로 다루었다.

▲ 2009 국회안전디자인 포럼 인쇄물 2009

"2010년 공공디자인엑스포"에서는 "사람의 일생과 안전"이라는 주제로 우리 생활 주변의 안전디자인과 관련된 제품을 전시하면서 안전디자인이 우리의 일생에 어떻게 스며들어 있는지를 결과물을 통해 보여주었다.

2013년 12월에는 "2013 대한민국 사회안전박람회"가 개최되었고 경기도 주최, 한국안전디자인연구소 주관으로 "안전디자인포럼"도 개최되었다. 포럼에서는 "안전을 디자인하라!"라는 주제로, 정의 및 범위, 안전디자인 프로세스에서 디자이너의 역할에 대한 논의가 진행되었다. 안전디자인이 안전문화구축에 필요한 이유와 안전디자인이 나아가야 할 올바른 방향을 모색하여, 건강한 안전문화가 사회에 자리를 잡을 수 있도록 하자는 학술토론과 행사들은 안전디자인의 정책과 사업에 대한 전문가들의 교류와 연구의 장이 되었으며, 일반인들에게는 안전디자인의 개념과 중요성을 알리는 역할을 하였다.

▲ 공공디자인엑스포 안전디자인관 포스터　　　　▲ 안전디자인포럼 브로셔

안전디자인 주요 내용 비교

구분	행정안전부 정의	국회 안전디자인 포럼 정의	호주 ASCC 정의
적용 범위	제품, 시설, 공간	안전이 요구되는 사물, 공간, 행위	설비, 하드웨어, 시스템, 장비, 제품, 도구, 재료, 에너지, 조정장치, 이들의 배치 및 배열된 형태
수명 주기	설계, 제조, 건축, 운영 등	-	전 라이프 사이클
목적	주(主)기능의 안전 달성도 제고 및 타 기능과의 상승적 융합	안전성, 기능성, 사용성(편리성), 심미성(좋은 느낌)	안전이나 건강상의 위험 감소, 잠재된 안전이나 건강상의 위험 최소화
기타	사회 안전수준 향상	안전을 위해 행동이나 주변과의 조화, 사용상의 불편 등을 초래하지 않음	디자인과 관련된 의사 결정, 재료나 제조방법 등의 결정 및 디자인

2013년 우리나라는 기존 행정안전부를 안전행정부로 부처의 명칭을 변경하고 대한민국의 안전과 재난에 관한 정책의 수립·총괄·조정, 법령 및 조약의 공포, 정부조직과 정원, 행정 능률, 전자정부 운영, 지방자치제도 등에 관한 사무를 관장하도록 하고 있다.

1998년 내무부와 총무처가 통합되어 행정자치부가 출범한 이래, 2008년 행정자치부와 중앙인사위원회·국가비상기획위원회가 통합되면서 행정안전부로 개편되었다. 그 후 2013년 정부조직 개편에 따라 안전관리 기능을 강화한 안전행정부로 개편된 것이다.

안전행정부 산하의 안전관리본부는 3국으로 구성되어 안전정책국을 두고 안전정책, 안정개선, 생활안전의 3개 과를 두고 운영하고 있다.

안전정책국은 교통, 보행을 비롯하여 어린이, 노인, 장애자를 대상으로 하는 안전과 승강기에 이르기까지 전반적인 안전에 관련한 사항을 총괄하고 있다. 안전디자인은 국가의 차원에서도 중요한 위치에 자리하고 있는 것이다.

안전디자인이란 무엇인가?

05

05

1) 디자인의 사회적 가치

빅터파파넥4)이 디자인의 사회적 가치를 위해 실행한 주장과 활동이 시작된지 반세기에 가까워지지만, 아직도 디자인은 현대 산업사회에서 소비를 촉진하는 장신구 역할에 주력하고 있다. 하지만 21세기에 들어 디자이너들은 그들의 사회적 역할에 대한 자각과 함께 디자인의 가치에 대한 인식을 스스로 새롭게 정의하면서, 디자인의 공공성이 새로운 화두로 떠오르고 있다. 적정기술* 또한 사회 공동체를 고려하는 인간의 삶에 대한 관심에 집중하고 있다. 그리고 그 중심에 안전디자인이 있다.

깡통 라디오는 발리에서 화산폭발로 인해 많은 사람들이 목숨을 잃고 삶의 터전을 잃어버리는 사고를 접한 빅터파파넥과 디자이너들이, 집집마다 라디오가 있었다면 피해를 줄일 수 있지 않을까 하는 생각에서 제작하게 되었다. 발리의 원주민들이 직접 제작하는 참여형 프로세스를 적용하였고, 관광객이 버리고 간 깡통을 이용해서 최저의 비용이 투입되는 디자인이다.

◀ 깡통 라디오

---

4) Victor Papanek, 1927~1998, 사회와 환경에 책임을 지는 제품 디자인, 도구 디자인, 사회 기반 시설 디자인을 강력하게 주장한 디자이너이자 교육자. 유네스코와 세계 보건 기구를 위한 제품 디자인을 하였으며, 스웨덴의 볼보사에서는 장애인을 위한 택시 디자인을 맡기도 하였다. 그의 흥미와 모든 디자인의 관심은 사람과 환경에 어떤 영향을 주는가였다.

* 적정기술 適正技術, appropriate technology

사회 공동체의 정치적, 문화적, 환경적 조건을 고려해 해당 지역에서 지속적인 생산과 소비가 가능하도록 만들어진 기술로, 인간의 삶의 질을 궁극적으로 향상시킬 수 있는 기술. 1960년대 경제학자 슈마허(E. F. Schumacher), (1911~1977)의 '중간기술(intermediate technology)' 개념에서 시작되었다.

초기에는 제3세계의 빈곤 문제를 해결하기 위해 시작되었지만, 적정기술의 철학이 현대 사회의 문제에 가장 성공적으로 연결된 지점은 환경 문제에 대응할 수 있는 대안기술 개발 분야이다. 1960년대 말에는 제 3세계뿐 아니라 선진국 사회에 적용될 수 있는 대안기술로서의 적정기술을 개발하는 기관들이 생겨난다. 1969년에 미국에는 신연금술연구소(New Alchemy Institute, 현 The Green Center), 패럴론연구소(Farallones Institute) 등이 설립되어 생태학적인 관점에서 물, 에너지, 건축과 관련된 대안기술을 개발하는 연구를 진행하였다. 미국 정부는 1976년에 국립 적정기술센터(NCAT, National Center for Appropriate Technology)를 설립하였다.

1970년대까지 제3세계에 적합한 기술이자 부작용이 없는 바람직한 기술로 인식되었다. 하지만 1980년대에 들어서면서 적정기술 운동이 제 3세계의 경제적, 사회적 문제를 해결하는 데 그리 효과적이지 않다는 비판이 등장했다. 대규모 공업시설을 기반으로 급속도로 경제 발전을 이룬 한국과 대만 등의 사례가 밝혀지면서, 소규모 경제를 추구하는 적정기술의 철학이 이상적이고 낭만적인 사조에 불과하다는 인식이 확산되면서 관심이 줄어들었다.

적정기술 운동이 한 차례 실패를 겪은 뒤에는, 적정기술에 대한 새로운 관점과 방식이 부상하였다. 가장 큰 변화는 기존의 인도주의적 접근에 대한 비판이 등장하고 시장 지향적 관점이 부상되었다는 점이다. 국제개발기업(International Development Enterprises)의 설립자이자 [빈곤으로부터의 탈출Out of Poverty](2008)의 저자인 폴 폴락(Paul Polak)은 기존의 '기부의 방식'이 적정기술 운동을 실패로 이끌었다고 지적하면서, 적정기술은 좋은 의도를 가진 서투른 수선쟁이보다는 냉정한 기업가에 의해 개발되어야 성공할 수 있다고 말한다.

폴락은 그간 기술 설계 과정에서 고려되지 않았던 소외된 빈곤 계층을 자선의 대상이 아니라 고객으로 바라보고, 그들이 필요한 물건을 사기 위해 얼마를 지불할 수 있으며 어떤 의향이 있는지 배움으로써 적절한 가격의 디자인을 실현하는 것을 목표로 삼는다. 전 세계 인구의 90%를 차지하는 빈곤층 소비자들의 관심을 끌기 위해 소규모의 저렴한 기술을 설계하는 폴락의 운동은 기존의 지불 능력이 막강한 소수의 소비자를 주 고객으로 삼아 온 디자인에 정면으로 비판하는 '디자인 혁명'인 것이다. 2007년 뉴욕에서 개최된 '소외된 90%를 위한 디자인(Design for the other 90%)' 전시회는 다시 한 번 적정기술 운동을 북돋고 있다.

안전디자인이 등장한 이유는 우리의 안전을 위협하는 위험요인이 과거에 비해 더욱 증가하고 있기 때문이다. 도시는 거대해지고 구조가 복잡해지면서 우리는 매일 같은 장소를 지나가거나 머무르더라도 낯설고 위험한 자메부 Jamais vu* 현상을 경험하게 된다.

* **Jamais vu**	미시감 未視感, 지금 보는 것이 처음 보는 것이라고 의식하는 것, 친근한 현상이 낯설게 느껴지는 것.

아이와 함께 걸어 다니던 골목은 범죄와 사고의 발생이 예상되면서 무섭고 낯설은 공간이 되었다. 골목을 피해 큰 길로 나오면 금속으로 제작된 차량이 빠른 속도로 달리고 있다. 차량은 우리 생활에 필요한 교통수단이지만 한편으로는 우리에게 위험한 요소이다. 그 차안의 운전자는 많아진 차량 때문에 교통신호와 다른 자동차와의 간격을 끊임없이 생각해야한다. 자동차와 자동차도 서로 위험요소를 갖고 있다. 당연히 운전자도 위험에 노출되어 있다.

차량에서 발생하는 이산화탄소는 지구 온난화의 요인이다. 예상치 못한 자연재해를 일으킨다. 물론 비약적인 예이기는 하지만, 이 같은 안전을 위협하는 요인들은 아이러니하게도 생활의 편의를 위해 만들어지는 수많은 도구와 제품 및 시설에 의해 만들어진다. 위험은 편의를 추구하며 발생하는 것이다.

그 안에서 안전을 위해, 하지 말아야 할 것과 해야 할 것에 대한 사회적 규칙을 설정하는 것이 안전 규제이다.

하지만 안전규제는 안전을 보장받아야하는 대상인 구성원들이 이해하기에는 다분히 법률적이고 행정적이다. 이러한 권위적 규제방법은 안전에 대한 주체를 개인이 아닌 정부와 부처가 갖게 되는 지극히 수동적인 방법인 것이다. 물론 법적규제와 안전에 대한 행정은 기본적으로 서비스되어야한다. 하지만 이미 높아진 개개인의 사회적의식과 안전한 삶에 대한 욕구증대는 더 적극적인 수준의 안전디자인를 원한다.

위험으로부터 "도구에 의한 안전"을 고려하는 것은 사회적 규칙으로 지정되는 법률과 제도를 통해 "시스템에 의한 안전"으로 이어지고, 안전을 고려한 전반적인 문화수준의 향상을 지향하는 "문화로서의 안전"으로 연결된다. 문화는 개개인의 안전에 대한 의식향상에서 비롯된 산물이다. 결국은 "개인의 안전에 대한 요구"가 안전디자인의 핵심이라 할 수 있다. 하지만 어떤 형태로든 사회가 형성되고 사회가 고도집적 사회로 발전할 수 록 위험이 증가하게 되는 것은 당연한 결과 일 것이다. 이때는 다시 "도구에 의한 안전"으로부터 "개인의 안전"까지 안전을 관리하는 시스템으로 진화하게 된다.

이 같은 순환고리를 2009년 안전디자인 포럼에서는 "안전디자인의 고리"(Circle of Safety Design)[5]라 하였다. 이렇게 사회발전과 개인의 안전에 대한 욕구 그리고 사회적제도는 끝없이 연속되는 고리를 이루게 된다. 이런 안전디자인 고리를 단절하기 위해, 법을 기반으로 한 행정적 안전규제와 개인의 안전을 보장하는 직관적이고, 감성적인 요소를 적용하는 것이 안전디자인이다.

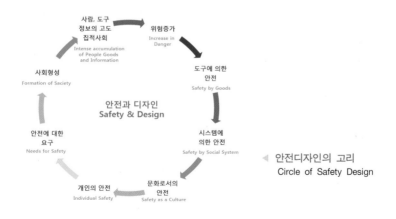

안전디자인의 고리
Circle of Safety Design

5) Voice of Design Special Issue 13-2 "SAFETY & DESIGN"

2) 디자인에 적용 된 안전

안전디자인은 "안전을 위한 디자인", "디자인의 안전에 대한 역할" 등으로 풀어 해석할 수 있다. 사실 디자인에는 의식적으로든 무의식적으로든 안전에 대한 의도가 포함되어있다. 현대인의 필수품이 된 휴대폰은 날카로운 부위가 없다. 손을 다치지 않도록 디자인되어있다. 자동차의 유리는 깨어져도 다치지 않는 안전유리를 사용하고, 야외에 있는 벤치는 사람들이 안정감 있게 앉을 수 있도록 적절한 높이로 제작되어있으며, 사람의 피부가 접촉하는 부분이 자연환경에 의해 너무 뜨거워지거나 차가워지지 않도록 적합한 재질을 사용하고 있다.

◀ KIB-08, 한국안전디자인연구소

사람들이 거주하는 건축물들은 화재와 지진 등 각종 재해로부터 사용자를 보호하는 시스템들을 갖추고 있다. 또한 도시계획을 비롯한 환경디자인도 범죄예방과 자연재해 대비, 방지, 대응 및 심지어는 심리적 안전까지 고려하고 있다.

◀ 건물의 화재나 재난 발생시를 대비해
비상계단은 외부에도 설치를 권장한다.

안전디자인은 결과물을 만들어내는데 있어서 우선적 가치를 심미성과 기능성에 우선하여 안전성에 둔다는데 특성이 있다. 이는 기존과 다른 디자인프로세스를 적용하게 된다는 것을 의미한다. 디자인프로세스의 변화는 결과물의 디자인적 변화를 가져오게 되므로 안전성을 우선가치로 디자인된 결과물은 타 결과물과의 차별성을 갖게 된다.

뾰족한 핀의 끝부분에 찔리지 않도록 디자인된 이 제품은, 이름도 안전핀(Safety Pin)이다. 1849년 월터 헌트(Walter Hunt)가 고안한 이제품은 오늘날에도 사용하고 있다.

◀ 안전핀

세계 어느 공사 현장에서도 사용하고 있는 안전모. 아동들의 안전을 위해 디자인된 컵으로 아이들이 양손으로 컵을 잡을 수 있고, 떨어뜨릴때도 파손과 충격으로 인한 2차 피해를 막을 수 있다.

▲ 안전모

▲ 보냉용기BS-500, Foogo

3) 안전디자인의 대상

그러나 간과해서는 안 될 점이 있다. 안전디자인도 디자인의 범주에 속한다는 것이다. 따라서 조형적 아름다움과 기능적 충족이 기본적으로 제공되어야 한다. 디자인 고유의 요소를 고려하지 않은 결과물이라면 사용자의 외면을 받을 수밖에 없기 때문에, 디자인의 특성에서 안전이 포함되어야 의미가 있다고 할 수 있다. 즉 안전디자인은 디자인 고유의 특성과 인간행태, 그리고 공학적 측면을 함께 포함해야 한다.6)

안전디자인은 "것"이나 "형태"등으로 특정한 결과물을 지칭하기가 모호한 점이 많다. 이는 공공디자인과 흡사한 부분이 있는데 안전디자인도 형태의 결과보다는, 그 우선 가치를 문제해결을 위한 프로세스에 두기 때문이다. 또한 문제해결의 범위 문제이다. 디자인에 대한 개념은 제공자나 사용자의 입장에서 무척이나 다양하고 포괄적이 될 수 있다.

이런 디자인을 제품과 건축, 운영 등으로 한정하는 것은 무리가 있다. 특히 안전을 다루는 분야를 기존디자인의 범위 내에서 지정하는 것은 지극히 단편적이라고 할 수 있다. 그러므로 기존의 범위에 정책과 매체 등의 포괄적인 영역을 포함하는 것이 옳다.

안전디자인은 디자인 결과물의 라이프 사이클 동안 위험 요소를 제거하거나 최소화하기 위해 초기 디자인 과정에서 위험을 발견하고 위험 통제 조치를 통합하는 과정이다.

시설, 하드웨어, 소프트웨어, 시스템, 장비, 제품, 도구, 재료, 에너지 통제, 레이아웃, 제조과정 등 직접적 디자인과 과정, 절차, 유지보수 등에 관련된 아이템을 모두 포함하여야 한다.

---

6) 안혜신, 안전디자인 개념정립에 관한 기초연구 -호주 안전디자인원칙 가이드라인을 중심으로-, 한국디자인문화학회, 2012, p.177

이러한 관점에서 볼 때, "안전디자인은 사용자의 삶의 질을 향상시키기 위해 생활환경 전 분야에, 안전성과 디자인을 결합한 커뮤니케이션 서비스"로 보는 것이 적당할 것이다.

호주 정부의 ASCC(Australian Safety and Compensation Council)이 발간한 '작업공간에서의 안전디자인' 지침서는 다음과 같이 정의하고 있다.

'안전디자인이란 디자인된 제품의 전 라이프 사이클을 고려하여 디자인 과정에서 안전과 건강상의 위험요인(hazards)을 줄이고, 잠재된 안전과 건강상의 위험(risk)을 최소화하며, 이와 관련된 의사 결정 및 디자인을 하는 것이며 안전디자인의 개념은 설비, 하드웨어, 시스템, 장비, 제품, 도구, 재료, 에너지 조정장치, 이들의 배치 및 배열된 형태 등을 포함한다.' 여기서 정의하는 안전디자인 컨셉은 계획 단계에서 완성된 제품의 안전성을 높이기 위해 디자인, 사용되는 재료, 제조의 방법에 대해 선택하는 것에서부터 시작된다.

디자이너는 라이프 사이클의 각 단계마다 안전성을 최대한 높일 수 있는 방법을 고려해야 한다고 지침에서는 서술하고 있다. 이 지침은 OHS(occupation health and safety)에 대한 작업장에서의 안전디자인 가이드라인이다.

OHS는 안전디자인이 결과물중심의 디자인이 아닌 디자인과정에서의 올바른 가치실현이 중요한 안전디자인 요소라는 것을 보여주고 있다.

4) 디자인과 안전디자인의 비교

이상의 안전디자인에 대한 개념들을 일반디자인과 비교해 보면 다음과 같은 요소를 찾아볼 수가 있다.

① 안전디자인의 적용범위는 제품, 시설, 공간뿐 아니라 그 주변의 다른 분야까지도 포함하여 전체적인 환경을 고려한다.

② 안전디자인은 디자인 된 제품의 전 라이프사이클을 고려한다.

③ 안전디자인의 목적은 주(主) 기능의 안전 달성도분만 아니라 타기능과의 상승적용합을 고려한다.

④ 안전디자인은 안전성의 확보와 동시에 사용하기 쉽고, 쓰기 편리하며, 보기 좋고 사용을 하면서 좋은 느낌을 얻을 수 있도록 배려해야 한다.

⑤ 안전디자인은 행위자의 행동이나 주변과의 조화는 물론, 안전이 요구되는 제품·시설·공간 등에 사용자의 편의성, 심미성, 사용자의 감성도 고려하여 종합적으로 안전을 보장하는 디자인 방식이다.

⑥ 안전디자인 컨셉은 계획 단계에서 완성된 제품의 안전성을 높이기 위해 디자인 활동, 사용되는 재료, 제조의 방법을 선택하는 것에서부터 시작된다.

이와 같은 부분에서 볼 때 안전디자인과 일반적 디자인 개념과의 차이는 존재하며, 과정에 따라 결과물의 차이도 존재한다고 볼 수 있다.

디자인과 안전디자인의 비교

구분	디자인	안전디자인
디자인 대상	제품, 시설, 공간	모든 생활 환경 분야
디자인 목적	기능과 형태	조화로운 안전 환경
디자인 절차	컨셉과 디자인 결과물	계획, 디자인, 제작, 검증

안전디자인의 영역

06

06

안전디자인의 영역

the Realm of
Safety Design

디자인은 크게 공공디자인, 환경디자인, 산업디자인, 제품디자인 등으로 분류할 수 있는데, 안전디자인은 디자인에 있어서 안전의 개념을 다른 요소들보다 우선하는 것이다. 보편적으로 통칭하는 디자인이 합목적성이나 경제성, 심미성에 중점을 두었다면 안전디자인은 사용자의 안전을 확보하고, 안전사고를 예방하고, 재해에 대비하기 위한 조치를 통하여 타 기능과의 상승적 융합을 위한 것이다. 안전디자인은 우리 주변의 제품, 시설, 공간 등 생활 전반에 다양한 해당되기 때문에 그 대상과 영역은 광범위하다.

특히, 사회의 변화와 과학 및 기술의 발달로 새로운 생활 패턴이 등장하면서 우리 주변에는 기존에 인지하지 못했던 물리적, 문화적 안전취약한 부분이 증가하게 되었다. 이런 현상은 예상치 못했던 새로운 위험요소와 결합하여 다양한 형태의 잠재적 위험요인을 발생시키는데, 현대에 들어 그 영역과 범위는 점차 확장되어가고 있다. 특히, 전에는 중요한 문제로 인식하지 않았던 이상기후로 인한 자연재해 발생과 같은 불가항력적 피해 또한 증가하는 추세여서 안전디자인에 대한 영역은 계속 확장될 것으로 예상된다.

이와 같은 상황에서 국회안전디자인포럼(2009)에서는 대표적 안전디자인 영역을 선정하였다. 각 분야의 안전관련 전문가들이 사회 전반적인 부분에서의 하지만 그 분류가 큰 틀 보다는 각 상황에 따라 분류되었기에 분야별로 정리해야 할 필요가 있다.

안전디자인의 영역에 대하여 "생활안전영역"과 "공적영역" 그리고 "정책영역"으로 분류하여 기존의 영역들을 재배치 해 분류 된 사항은 다음과 같다.

안전디자인의 영역

대분류	중분류	소분류	세부내용	관련영역
생활안전영역	생활안전디자인	교통	운행	안전띠, 에어백, Safety Zone, 과속방지턱, 차선분리봉, 충돌방지벽, 충격흡수대, 경고/사인물, 가로등, 도로교통카메라, 부표, 등대 등	제품·시각·공간·인터페이스디자인, 교통공학, 산업공학 등
			보행	볼라드, 가드레일, 펜스, 신호등, 횡단보도, 교통섬, 표지병 등	
		작업	감전	감전방지장치, 안전커버, 전기취급도구, 등	전기, 전자공학, 공간, 제품·시각·환경디자인, 환경공학, 건축공학 등
			추락	안전띠, 안전고리, 안전대, 보호망, 비계 등	
			충격	헬멧, 보호대등	
			상해	기계, 기구, 공구	
		의료	감염	마스크, 방독면	포장·영상디자인, 약학, 의학, 식품영양학 등
			예방	홍보, 계도, 재연 등을 통한 디자인일체	
			치료	주사, 진찰도구, 침대, 휠체어 심장박동기 등	
		건강	스포츠	체육시설, 운동기구, 운동복 등	공간·제품·시각디자인, 체육학 등
			레저	체질측정기, 헬스기구, 레저용품, 등	
공적영역	재해/재난방재디자인	풍수해 방재디자인	풍해	안전가드, 방풍벽, 방풍조경, 풍압계 등	토목, 조경, 공간·제품·시각디자인, 환경공학, 조경설계, 도시설계, 교통공학, 문화재관리, 보존과학, 행정학, 농학, 농경제학, 재난방재학, 사회복지학, 기계공학 등
			수해	빗물펌프장, 하수도시설, 구명보트, 구명복등	
			한파	동파방지장치, 보일러, 연관 등	
			가뭄	관정, 천공드릴, 양수기, 물차 등	
			지진	지진계 계측기기 등	
		환경오염 방재디자인	수질오염	정수기, 제독기, 흡수포 등	
			대기오염	공기정화기, 방독면, 소독기 등	
			토양오염	토양세척기, 토양중화기 등	
		사고방재디자인	화재	화재경보기, 가스탐지기, 소화전 소방차 등	
			붕괴	콘크리트 파쇄기, 절단기, 탐사로봇 등	
			폭발	폭발방지장치, 센서 등	
		전쟁/테러방지디자인	전쟁	방공호, 이동식 피난주택, 이동식 급수장비, 이동식 전력설비, 이동식 통신처리장비	
			테러	테러방지용 가로시설물, 투과식 감시카메라, X선보안감지기 등	
	소방방재디자인	화재	경보	경보발생기, 연결구 등	소방학, 전자, 전기공학, 공간·제품·시각디자인 등
			진압	소화기, 소화전, 방수구, 화재진압장비 소방차, 소방헬기, 소방선 등	
	치안/예방디자인	사건사고 예방디자인	예방	보안등, 보안카메라, 이동식지서, 무전기 등	공간·제품·시각디자인, 의학, 경찰행정 등
			호송/수송	죄수호송차량, 순찰차, 현금수송차량 등	
			단속/진압	경광등, 위치추적, 헬멧, 방패, 곤봉 등	
			분석	범죄심리분석, 범죄생리등을 위한 키트 등	
	구급/구난	사고	구급	구급키트, 구급차, 구급대 등	응급의학, 의학, 약학 등
			구난	조난, 구난을 위한 도구 및 제품	
	매체	정보매체	지시유도	신호표시, 규제, 경고 표시 등	시각·조명·영상디자인 등
		상징매체	행정기능	안전, 주의 등을 위한 디자인	
정책영역	정책	행정 및 정책		건설, 의료, 재해, 산업, 조건, 문화행정, 국민건강 진흥 등 계획과 시행 방안	법률, 조례, 정책학, 행정학 등
		관련법규		도로교통법, 건축법, 교통안전법, 산업디자인법 등 제정	

안전디자인의 적용

07

07

Safety Design,
Application

1) 생활안전영역

　생활안전영역은 우리 주변에서 일상생활 중에 발생할 수 있는 많은 위험요소와 관련된 영역이다. 일상의 의식주에서 이동, 거주, 작업, 생활 등에서 흔하게 발생할 수 있는 사고요인을 찾아 디자인을 통한 해결방법을 도출하는데 의미가 있다.

◀ 깨진 유리가 흉기가 되지 않도록 하는 컵.

　깨진 컵의 파편으로 인해 다치는 것을 예방한 디자인이다.
출처 : '디자인'그리고 '범죄예방' : Design against Crime, 노효준, D.NOMADE 객원에디터

◀ 야광안전우의 (주)바른손

　야광원단을 활용한 안전우의는 어두운 빗길에서 어린이를 위험으로부터 보호한다.

◀ 유아용카시트, 브라이텍스(BRITAX)

유아용 카시트를 통해 안전취약계층인 유아들로부터 주행 시 발생할 수 있는 위험을 최소화한다.

◀ 어린이 투명우산

어린이 투명우산 쓰기 캠페인은 교통안전공단, 한국어린이안전재단, 금호건설이 주최한 캠페인으로 우천시 발생할 수 있는 어린이교통사고를 투명우산을 사용함으로 줄이고자 실시하였다.

◀"천사의 날개" 달아주기 캠페인.

생활안전실천시민연합과 현대자동차가 시행한 캠페인으로 셔틀버스에 천사의 날개를 달아 어린이의 승하차안전을 돕는다.

◀ 웨어러블 컴퓨터, 이명수 디자인랩, Seilbag

　의상이나 소품에 LED장치를 적용하여, 경계, 주의 등 정보를 타인에게 전달할 수 있다.

◀ 택시 캐치미러

　뒷자리승객의 승·하차 시 뒤에서 오는 오토바이와 같은 장애물과의 충돌을 예방할 수 있다.

◀ 스웨덴 Hövding의 자전거헬멧

　스웨덴의 회브딩은 스웨덴 국립도로교통연구소와 협조해, "회브딩안전모"를 디자인하였다. 자전거탑승자가 운행 중 비정상적인 행태를 보이면 0.1초만에 목에 두른 에어백이 작동하여, 머리와 목을 감싸준다.

◀ 스노우체인

　다양한 디자인의 스노우체인은 눈길에서 마찰을 최대화시켜, 미끄러짐을 방지한다. 최근에는 미끄럼방지의 기능 뿐 아니라, 탈부착이 쉬워 사용자의 사용성까지 높이고 있다.

◀ 서울 지하철

　지하철 손잡이에 높낮이에 변화를 주어키가 작은 사람이 잡기 편하도록 하고, 소화기와 비상용 인터폰의 위치가 잘 보이도록 하는 것은 안전을 위한 방안이다.

◀ 센트레빌 아스테리움 용산, 동부건설

　고층건물의 외부에 돌출 슬라브를 설치하여 거주자가 창밖을 볼 때 심리적 불안함을 최소화하도록 배려하였다.

◀ KIF-02 스쿨존횡단보도차단기,
한국안전디자인연구소

　　스쿨존에서의 차량과 아이들의 돌발사고를 막기 위해, 차단기를 설치하여 아이들의 안전귀가를 돕는다.

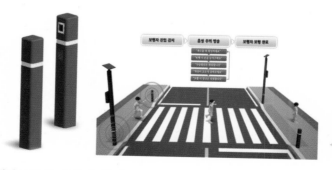

◀ 음성볼라드,
한백시스템

　　횡단보도에 설치된 볼라드에 동작인지센서와 음성지원서비스를 부가해 보행자가 차도로 진입하는 것을 방지한다.

1880년대에 발명된 자동차는 인류의 문명과 기술의 발전에 속도를 더하는 역할을 하였다. 그러나 자동차의 운전자는 위험 요소를 수반하고 동시에 보행자의 안전을 위협한다.

안전벨트는 차량 탑승자의 머리와 가슴을 보호하면서 충돌 시 차로부터 사람이 튕겨나가지 않게 한다. 안전벨트를 장착은 1950년대에 들어서 시작하였고 2000년대에는 보행자 보호에 대한 문제로 접근하기 시작했다.

자동차의 조형적관점이나 기술에 의한 디자인 변화 이외에도 안전을 중심으로 한 배려가 디자인의 변화요인으로 작용한 것이다.

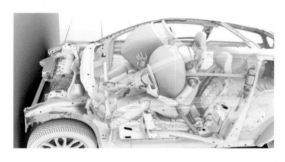

◀ 안전벨트와 에어백의 작동

자동차 에어백은 안전장치의 하나이다. 에어백에는 SRS Airbag라고 표시한다. SRS, Supplemental Restraint System는 안전벨트를 보조한다는 의미이다. 차량의 충돌 시 안전벨트는 탑승자를 끌어당기고 에어백은 탑승자가 차체에 부딪치지 않도록 막아준다.

에어백은 빠른 속도로 팽창되기 때문에 오히려 탑승자에게 충격을 줄 수 있다. 따라서 에어백은 안전벨트가 없다면 오히려 위험한 장치가 된다.

◀ 벤츠

차량의 보닛에 설치되는 돌출 로고는 보행자에게 상해를 입힐 수 있다. 자동차들은 안전을 고려하여 로고를 보닛에 부착하여 출시하고 있다.

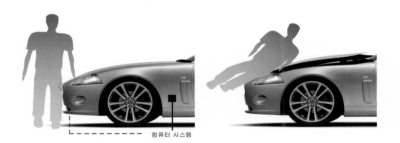

컴퓨터 시스템

범퍼에 장착된 센서가 보행자의 충격을 감지하면 기폭장치를 이용하여 순간적으로 보닛을 들어 올려 충격을 흡수할 공간을 만드는 장치.

◀ VOLVO의 에어백 안전장치

2) 공적영역

위험은 개인이 해결할 수 없는 사회, 환경 등의 여러 각도에서 찾아올 수 있다. 이러한 사회문제는 국가와 공공단체에서 사회 안전망의 하나로 서비스 되어야하는 부분이다. 이를 위해 사회전반에서 발생할 수 있는 위험요인을 찾고 적합한 방식과 절차를 거쳐 디자인해야한다. 공적영역은 재해/재난방재 디자인, 소방방재 디자인, 치안/예방 디자인, 구급/구난 디자인, 매체 등이 있다.

(1) 재해/재난방재 디자인

◁ Kit to Service
Human, Kristine-erdmann,

재난 시에 발생하는 각종 상해는 2차 감염 등의 큰 사고로 발전할 수 있기 때문에 빠른 대처가 중요하다. 위의 디자인은 응급상황에 대처하는 요령을 한눈에 확인할 수 있으며 비상콜이나 환자를 눕힐 수 있는 시트 등 다양한 시스템을 포함하고 있다.

◁ 구명복과 구명튜브

구명복과 구명튜브는 수변과 수중에서 발생할 수 있는 사고로부터 인명을 구할 수 있다. 이 장비들은 인체에 적합한 사이즈고려와 함께, 눈에 잘띄는 컬러로 제작되는 것이 좋다.

◀ Prio Paper Cast, Nicolas Riddle.

일손과 의료기가 부족한 재난상황에서 응급처치를 가능하게 해주는 종이 기브스, 재생이 가능한 종이소재이고 매뉴얼이 없어도 2분 안에 조립이 가능하다. 접으면 부피가 작아 운반과 보관이 용이하다.

◀ Lifesaver bottle, Michael Pritchard.

재난지역에서 안전한 물을 공급받기 위해 디자인 된 물병으로 첨단필터시스템을 활용해 세균과 바이러스등을 걸러낸다. 또한 필터카트리지가 오염됐을 경우 물을 마실 수 없도록 차단한다.

◁ Noah, N.P.C.

쓰나미와 같은 수재위험이 있는 지역의 가구들을 위해 디자인된 구호쉘터이다. 외부의 충격에 견딜 수 있는 내구성을 갖추었고, 구호대원에게 쉽게 발견될 수 있도록 노란색으로 채색되어있다.

◁ 도코로 아사오,
이마키타 히토시의 텐트

재난 시 입고 있는 의류를 활용해 텐트와 같은 임시거처를 제작할 수 있다.

(2) 소방방재 디자인

◁ 서울 코엑스, 지하철

내부가 보이도록 하여 폭발물의 식별이 가능토록 한 테러 예방 쓰레기통 디자인.

피난유도 시설은 공간에 방해가 되지 않으면서 피난 시 효과적인 역할을 하는 것이 중요하다.

◀ Zoran Sunjuc 작품

건물 내부의 밀폐된 공간에서 화재나 정전 등의 상황에 피난을 효율적으로 유도하는 핸드레일 디자인이다. 유도등의 기능을 결합했다.

◀ 교육용게임 "해즈맷(HAZMAT)"

카네기멜론대학교가 개발한 뉴욕소방관 교육용 게임. 사실적인 상황을 연출하였고 훈련을 안전하게 시킬 수 있다.

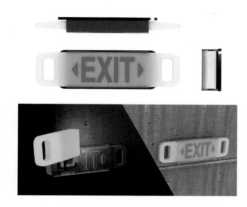

　건물이나 공공장소 및 비행기 등에서 일상에서는 피난구의 표지 역할로 사용되며, 비상상황에는 좌우에 있는 손잡이를 뽑아 조명등이 되어 발광을 통해 인솔자를 따라 안전하게 대피할 수 있게 디자인되었다. 2010 대한민국공공디자인대상 안전디자인부분 우수상 수상작.

(3) 치안/예방 디자인

　휴대성을 높인 호신용품 디자인. 각종 범죄예방으로부터 여성과 아이들을 보호할 수 있다.

◀ 토쿄 롯본기

공원 등 공공장소의 벤치는 중간에 지지대를 부착하면 노숙자나 만취자로부터 발생할 수 있는 잠재적 위험요소를 줄일 수 있다.

◀ 과천시 원문동 삼성래미안슈르

비상계단과 같은 안전사각지대를 최소화하기 위해서는 외부에서 감시가 가능한 디자인 요소를 접목시켜야한다.

◀ Matthias Megyeri, 2003

자칫 위협적으로 보일 수 있는 보안시설에 표정을 넣는 것도 안전디자인의 중요 요소이다.

◁ Mississippi,
United States

◁ Australia
Canberra, ACT

주민참여형 감시시스템은 적극적인 주민의 활동으로 안전의 관심도를 높이고 다양한 위험요소를 차단할 수 있다.

◁ 방범용 CCTV

CCTV를 활용하여 우범지대 내 범죄에 대한 경계를 강화할 수 있다.

◁ 옥외 공간에 설치된 비상벨

소방서와 경찰서 및 병원으로 연결되어 구급 구난을 요청할 수 있도록 고안되었다. 치안을 예방하는 안전디자인의 대표적 이론으로 범죄예방환경설계(CPTED, Crime Prevention Through Environmental Design)과 범죄예방디자인(DAC, Design against Crime)을 들 수 있다.

CPTED (Crime Prevention Through Environment Design)

구조적이고 수동적인 기존의 범죄예방정책들의 보다 적극적인방법의 범죄예방 연구로 설계부분에서부터 범죄예방을 고려한 감시체계를 구현하는 이론이다.

"환경설계를 통한 범죄예방"을 의미한다.

셉티드는 자연적 감시(Natural Surveillance), 자연적 접근통제(Natural Access Control), 영역성(Territoriality), 활동의 지원(Activity support), 유지 및 관리(Maintenance and management)의 기본원리를 적용해 범죄유발가능자의 범행기회를 심리적, 물리적으로 저지하여 범죄를 예방하거나, 일반인의 범죄에 대한 공포를 감소시켜 환경에서 생활하는 사람들의 심리적 안정감과 물리적 안전 증가를 통해 삶의 질을 높이는 범죄예방 기법이다.

제인 제이콥스 Jane Jacob이 1960년대 뉴욕에서 살면서 느꼈던 불안감을 토대로 쓴 "위대한 미국도시들의 죽음과 삶(The Death and Life of Great American Cities)" 이라는 저서를 통해 개념이 알려졌다. 저서에는 거주자와 물리적 환경과의 상호작용, 이웃과 도로의 활성화가 삶에 미치는 영향, 주거환경과 범죄와의 연관성 등을 설명하였다.

이후, 셉티드에 범죄학적개념의 도입은 "레이제프리(C.Ray Jeffery)"박사였다. "CPTED"라는 자신의 저서에서 "주변의 환경과 건축물의 설계를 적절히 조화시키면 범죄를 예방하는데 효과적이며, 이것을 환경설계를 통한 범죄예방"이라고 정의 하였다.[7]

해외의 많은 국가들은 일찍부터 셉티드를 적용해왔다. 영국의 경우, 1989년 방범인증제도인 SBD (Secured by Design)을 시행하여 표준 규격화 된 실험기준과 경찰의 심사를 통과한 건축자재나 건축물에 대하여 범죄예방과 관련된 기준을 인증하고 있으며, 네덜란드는 경찰안전주택인증제도를 1994년에 도입하여 표준에 부합되는 건축재료나 구조에 인증을 부여한다. 일본의 경우도 이와 유사한 제도인, 방법우량맨션, 주차장인증제도등을 시행하여 범죄를 예방하는데 힘쓰고 있다.

---

7) 원선영 , "범죄예방을 위한 공동주거단지의 환경계획에 관한 연구", 연세대학교 대학원 석사논문, 2010, p.11

CPTED의 기본원리

- 자연적감시 : 사람들의 시야에서 벗어난 불완전한 곳이 발생하지 않도록 감시권을 최대한 확보
  할 수 있게 시설을 배치하는 것.

- 자연적 접근통제 : 사람들을 도로, 보행로, 조경, 문 등을 통해 일정한 공간으로 유도하고 동시
  에 허가받지 않은 사람들의 진출입을 차단하여 범죄목표에 대한 접근을 제한하고 범죄행
  동의 노출을 증가시켜 범죄를 예방.

- 영역성 : 공간에서 반사적영역과 반공적영역과 같은 영역성이 모호한 공간을 최소화함으로써
  범죄예방을 극대화할 수 있다.

- 활용성 증대 : 주민의 눈에 의한 자연스러운 감시를 강화하여 범죄위험요인을 감소시키는 것.

- 유지관리 : 처음 완성된 상태가 지속되도록 유지, 관리하여 사용자의 일탈을 자제시키는 것.

CPTED의 사례

- 미국 브롱스데일 단지(Bronxdale Houses) : 각 가정의 텔레비전 공채널을 이용해, 공용복도,
  엘리베이터, 놀이터, 주차장에 관한 자연적 감시를 강화

- 미국 텍사스 휴스턴 : 도시재활력 프로그램 'Neighborhood to Standard'를 적용. 기준보다
  높은 조명 설치, 가로등의 효율성 증가를 위해 조경수 전지작업, 주민참여 프로그램 개발
  등을 실시.

- 미국 보스턴 캐슬 스퀘어(Castle Square) : 중·저층 건물들의 접근통제를 강화하기 위해 명패
  옆에 초인종, 인터콤 또는 CCTV를 설치. 거리에는 밝은 색으로 도장하여 길을 환하게
  보이도록 하고 후미진 장소는 울타리를 치거나 각종 식물을 심어 정원을 조성.

- 한국 경기도 판교 : 경찰청에서 국토해양부와 성남시, 한국토지공사, 대한주택공사 등 협의를
  통하여 '환경설계에 의한 범죄예방계획'을 수립. 신도시 내 건물구조와 주거단지 조성,
  도로 배치, 조명, 조경, 담장설치 기준 등 세부적인 설계에 적용. 특히 범죄자의 도주로
  를 '막다른 골목'에 이르게 하는 '쿨 데삭(Cul De Sac)' 설계 도입.

- 한국 경기도 부천시 : 셉티드 적용의 시범지역 선정. 관내 우범지역 주변 환경정비, 골목길 청
  소, 리플렛 제거, 기타 지역 내 환경정비를 시행. 가로수가 가로등의 불빛을 가리지 않도
  록 정비하고 조도를 조정.

범죄예방디자인 DAC (Design Against Crime)

범죄학자와 예술가, 연구원으로 구성된 영국의 "범죄예방디자인연구센터(DAC, Design against Crime)"는 디자인을 중심으로 범죄가 예방될 수 있다는 연구와 컨설팅을 진행하고 있다.

디자인으로 범죄를 예방한다는 말이 다소 생소하게 들릴지 모르겠으나, 이미 해외에서는 감각적이고 직관적인 디자인의 장점을 이용해서 범죄예방의 수단으로 사용하는 사례가 늘고 있는 것이다. 이는 범죄가 단순한 기능적시설과 정책에 의해 예방될 것이라는 것에 한계를 느꼈기 때문이다.

강력범죄에서 절도까지, 각종범죄가 범죄자의 감정에 의해 돌발적으로 발생하는 경우가 많다고 알려지면서, 디자인을 활용한 범죄예방이 각광을 받고 있다. 특히 그동안의 범죄예방시스템이 기능만을 우선시하다보니 일반인들에게 심리적불안감을 주거나 혐오감을 주는 부분이 있었지만, 범죄예방디자인은 범죄예방이라는 기능적부분과 함께 미적부분을 충족시키며 일반사용자가 생활하는 데에도 만족감을 높이고 있다. 특히 강화된 미적부분을 통해 사회적 약자들이 범죄예방도구를 사용하기에 편해지며, 언제발생할지 모르는 막연한 불안감과 공포를 덜어내는 기회가 되고 있다.

범죄예방디자인은 작게는 주거환경을 비롯한 도시의 설계부터 범죄예방을 고려하는 셉티드에서부터, 우리가 보고 만지고, 입고 사용하는 모든 분야의 디자인에 적용이 된다. 외부로부터 범죄를 자극시키는 유발요소를 최소화하고, 범죄가 일어났을 때 위험을 최소화시키는 범죄예방디자인은 크게는 안전디자인의 범주에 속한다. 범죄예방디자인을 통해 우리는 디자인이 우리생활에서 기존의 역할을 넘어 얼마나 큰 의미가 있는지 알 수 있는 계기가 될 것이다.

영국을 비롯한 여러 국가에선 이미 범죄예방을 고려한 디자인을 진행해왔다. 범죄를 예방하는 디자인은 디자인의 초기 기획 단계부터 차별화된 프로세스를 염두에 두고 디자인하여, 결과물을 도출한다.

범죄예방디자인 사례

소매치기 예방 의자. 의자의 앞에 가방을 걸어
소매치기 원천 처단

ATM범죄예방. 자기공간 확보를 통해
인출하는 사람이 안전하게 사용

자전거 도난방지와 인출자의 영역을
확보 하는 자전거보관대

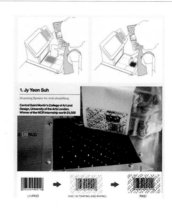

구입여부를 신속하게 알게하여 물품의
도난을 방지하기 위한 시스템디자인

---

* 호주의 'Douglas Tomkin' 교수의 강연 중 (2010년 서울 강연)
 - University of Technology Sydney 교수, 호주범죄예방디자인센터 멤버

(4) 구급/구난 디자인

▲ Peace keeping design 프로젝트의 백신주사기.
가와사키 가즈오.

비상시 혼란 속에서 사용이 중복될 수 있는 주사바늘을 디자인하여, 비위생에서 오는 2차 사고를 예방한다.

▲ Power Pro XT

공간과 상황에 제약을 많이 받는 환자이송장치는 적합한 형태변형과 크기를 지녀 빠른 시간 내에 환자를 이동시켜야하며, 적합한 색상으로 정보를 주어야 한다.

◀ 심장제세동기

서울지하철에 설치된 심장제세동기는 응급상황에서 눈에 띄도록 디자인되었으나, 설치위치와 높이, 색상이 더욱 보완되어야하며, 초보자도 사용할 수 있도록 직관적인 디자인을 적용하여야 한다.

◀ 서울

◀ 뉴욕

Help Point Intercom, MTA / New York City Transit

공간과 어울리면서도 주목성이 강한 디자인은 사고 시, 사용성을 높인다. 기기의 경우 사용 또한 간편해야한다.

(5) 매체 디자인

　주목성이 뛰어난 디자인은 범죄예방을 통한 안전한 도시구축에 도움을 준다. 우측 네덜란드 경찰차와 좌측하단의 이탈리아 경찰차에 비해, 좌측상단의 대한민국경찰차 는 주목성을 기반으로 한 미적부분이 부족하다.

◀ 파리 환경미화원 유니폼
Retro-reflecting Fabric, Street
Sweeper, Paris, France

　정체성을 나타내는 복장은 타 직업군과의 혼동을 방지하고, 자체적인 안전기능부 여하여 교통 및 타 위험요소로부터 사용자를 보호할 수 있다.

◀ 일본 과학미래관
Aomi, Tokyo, Hiromura Masaaki 디자인,
Nacasa & Partners

　사인의 정보전달은 사용자의 시점을 기본으로 하고 픽토그램을 활용해 직감적으로 위험에 대처할 수 있게 하여야한다.

◀ 건대입구역 2호선 7호선 환승구간

위험에 대한 정보는 사용자의 시점에 따라 시각적으로 명확히 제시하여야 한다.

◀ 사당역 4호선 2호선 환승구간

　혼잡이 예상되는 통행로에 사인을 활용하여 동선을 통제하는 것은 예상치 못한 여러 사고를 예방한다.

3) 정책영역

정책적 부분은 각각의 영역들이 효율적이고 효과적으로 적응 될 수 있도록 근거를 마련해 주는 수단으로, 행정적 법규체계와 산업, 보건, 문화행정 등의 여러방안과 사회단체에서 시행하는 안전디자인프로젝트 및 캠페인을 의미한다.

▲ 홍제동 개미마을 어울림 프로젝트, 금호건설

노화된 시설로 인해 우범화 될 수 있는 공간을 리모델링하여, 안전사각지대를 줄이고, 정서적 안정에도 기여한다.

◀ 서울시 소금길

서울시는 마포구 염리동과 강서구 가양동에 범죄를 예방하려는 목적으로 리뉴얼하였다.

　범죄예방의 디자인의 개념이 도입된 사례로 앞으로의 국내 범죄예방디자인의 초석이 되었다. 안전한 생활환경을 만들기 위한 프로젝트들은 도시의 이미지 재고를 통한 브랜드 가치 상승과 함께, 시민의 삶의 질을 높이는 중요한 계기로 자리매김할 것이다.

▲ 생명의 다리, 삼성생명과 서울시 공동.

　자살률이 높은 마포대교에 인터렉티브형 스토리텔링 다리를 조성해 자살방지에 노력을 기울였다. 실제로 투신이 일어나는 장소에 센서를 설치해 보행자의 움직임을 감지하고 조명과 메시지가 보행자에게 친근하게 말을 거는 감성적 디자인을 접목하여, 자살률을 낮추었다.

안전디자인 원칙

08

08

Safety Design,
principle

디자인은 각 분야마다 대상 아이템과 목적이 다르기 때문에 결과물의 다양함으로 나타난다. 이것은 분야별로 추구하는 다양한 디자인 원칙이 존재하기 때문이다. 유니버셜디자인이나 베리어프리디자인과 같은(공공의 이익을 가진 특성화된 디자인) 분야는 디자인을 진행할 때 가져야할 원칙을 정하고 있는데, 이것은 다른 디자인과의 차별화뿐만 아니라 자칫 상업적 목적을 위주로 흘러갈 수 있는 사회적 디자인 분야의 정체성을 바로잡고, 조금 더 적합한 프로세스와 효율적인 디자인결과물을 만들어내기 위한 것이라고 할 수 있다.

안전디자인도 그러하다. 안전디자인은 어느 특정 분야를 기반으로 하지 않고 우리 사회 전반에 있는 디자인들을 모두 포함하기 때문에 또한 구별화 되고 명확한 디자인원칙이 필요하다.

1) 안전디자인 3요소

안전디자인은 위험을 감지하여 사고를 예방하고, 사고 시 적절한 대처를 위한 안전의 요소 도입하는 프로세스를 갖는다. 이것은 안전디자인의 원칙에 기반한 프로세스를 적용하여 결과물을 만들어 낸다는 것을 의미한다. 그렇기 때문에 안전디자인은 프로세스 고유의 디자인원칙을 필요로 한다. 기초로 하는 것이 옳다. 이런 점에서 안전디자인은 크게 세 개의 디자인원칙을 가지게 된다. 세 원칙은 "위험요소조사", "안전을 고려한 디자인", "유지 및 관리"로 분류가능하다.

(1) 안전리서치(Research)

우리주변에는 수많은 위험 요소가 존재하고 있다. 위험요소는 사용자의 성향과 연령 주변환경 등에 영향을 받기 때문에 완벽하게 제거하기는 불가능하다. 하지만 신속하게 위험을 감지하여 위험의 가능성을 최소화 할 수는 있다. 특히 특정 환경과 특정사용자가 사용하는 디자인결과물에는 위험을 감지하고 대처하는 방법을 디자인을 통해 찾는 것이 중요하다.

이를 위해서는 위험에 대한 "리서치"가 필수적이다. 예를 들어 초등학생들의 교통안전문제 중 교통사고부분을 디자인하려한다면, 초등학생들의 생활반경을 대상으로 행동패턴을 고려하여 사고발생유형을 조사하는 과정이 필수적인 것이다.

"리서치"와 함께 중요한 것이 "위험에 대한 통제"이다. 위험을 안전하게 통제한다는 것은 역시 불가능하다. 하지만 데이터화 된 자료를 통해, 가이드라인 및 매뉴얼을 제작하여 생활환경 전 분야에서 발생할 수 있는 위험요소에 대비하도록 하여야한다.

(2) 안전고려(Consideration)

위험요소를 발견하고 통제매뉴얼을 만드는 것만큼 디자인한다는 것도 쉽지 않은 일이다. 물론 모든 디자인의 결과물들은 의식적으로든 무의식적으로든 안전에 대한 고려가 기본적으로 바탕에 두고 만들어져있다. 이런 면에서 디자이너들은 어쩌면 이미 안전디자인을 하고 있었는지도 모른다. 다만 안전디자인을 실제로 구현하기 위한 실행원칙을 통해 체계적으로 진행되지 않다보니 디자인 프로세스과정에서 안전에 대한 고려가 미흡한 점이 있는 것이다.

안전디자인은 디자인결과물제작과정에서 처음의 컨셉 도출 단계부터 고려되어야한다. 이러한 과정은 사용자가 감성적으로 위험을 직감하고 예방하게 하는데 도움을 준다.

"안전을 고려한 디자인"을 진행할 때는 "리서치"와 "가이드라인"을 기반으로 결과물의 특성을 최대한 고려하여 디자인한다. 디자인은 사용자가 판단하기 쉽고, 접근성이 좋으며, 사고발생 시 신속히 조치하여 피해를 최소화시킬 수 있도록 인체공학적 지식과 소재의 특장점을 활용하는 것 등도 중요하다.

(3) 안전컨트롤(Control)

디자인은 한번 결과물이 만들어지고 유통되면 디자인 프로세스가 완료되는 것으로 인식되어있다. 하지만 공공적 요소를 포함하고 있는 안전디자인에서는 이후의 "유지, 관리"가 포함된다.

또한 위험에 대처할 수 있는 디자인평가툴을 제작하여 효과적으로 위험통제에 대한 관리를 도와주어야한다.

위에서 언급했듯이 안전디자인의 영역은 모든 디자인 범위를 포함하고 있어 광범위하다. 그 안에는 제품과 같은 소비자에게 소유권이 넘어가는 형태의 결과물도 있지만, 공공재와 정책과 같은 사회적디자인부분도 있다. 사회적디자인은 불특정다수의 사용자가 사용하므로 계속되는 파손의 가능성이 있다.(사실 디자인이 된 처음보다는 파손 후의 위험발생가능성이 더 크다.) 또한 장소성과 시간대별, 사용자의 특성에 따라 상황에 적합한 안전 요소의 도입이 계속 요구된다. 유지와 관리는 이를 해결하기 위한 방법으로, 위험평가기록을 도입하여 꾸준히 안전사각요소를 제거할 수 있다.

이것은 제품과 같이 소유권이 사적인 부분에 있는 디자인에서도 중요하다. 안전디자인의 도입은 언제나 완성이 없는 과정이기에, 제조 시 판매된 제품에 대한 꾸준한 리서치와 안전결함요인을 찾아 보강하는 작업이 필수요소이다.

이와 같은 "유지 및 관리"원칙은 다양하게 발생한 위험요소를 검출하고 데이터화하여 보다 적극적인 안전디자인 결과물제작이 가능하게 한다.

2) 안전디자인 6원칙

앞 장에서 언급한 것처럼 안전디자인의 3요소는 기본적으로 프로세스상에서 고려해야 할 필수내용이다. 그렇다면 디자이너가 실무에서 디자인을 진행할 때는 어떤 사항이 고려해야할까?

안전을 위한 디자인을 진행할 때는 여러 가지 원칙을 필요로 한다. 그 중 중요한 키워드가 "사용성"과 "정보성" 그리고 "보편성"이다. 누구에게나 차별이 없어야하며, 정보전달이 명확해야하고 사용하기 편해야한다. 이를 다음과 같이 여섯 가지 원칙으로 종합 할 수 있다.다.

예방
Preventable

관찰관리
Maintenance

쉬운사용
Usable

안전디자인 6원칙

기능지원
Functional

접근성
Accessible

배려
Careful

(1) 예방하는 디자인(Preventable)

안전을 이야기할 때, 가장 우선해야 하는 것이 바로 예방이다. 불의의 사고에 대하여 그 어떠한 대처방법보다도 사고도 일어나지 않도록 하는 것이 최선의 방법이기 때문이다.

동물들은 자신에게 닥쳐올 위험을 감각으로 알 수 있다고 한다. 하지만 인간은 야생성과 멀어지면서 위험을 감지하는 감각 또한 무뎌져버렸다. 설령 감각이 살아있다 하더라도 현대의 사회와 같이 위험요소가 산재해있는 상황에서는 무용지물일 것이다.

이를 위해 안전디자인에서는 사용자가 감각적으로 위험을 감지할 수 있도록 예방해야한다. 사용자가 위험상황에 도달하지 않도록 사고로의 접근을 사전에 차단한다면 사고에 대한 가능성 또한 현저히 줄어들게 된다. 이를 위해, 시각, 청각, 후각 등 기본적인 감각에 호소하는 디자인이 필요하다.

◀ (주) 생활낙원

아이들의 감전사고를 예방하기위해 디자인된 마개이다.

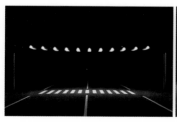 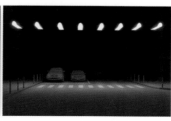

◀ Art Levedev,
Air Crosswalk,
2009

야간에 횡단보도를 건너는 보행자가 차량사고로부터의 위협을 피할 수 있도록 횡단보도를 LED로 비추고 있다.

(2) 사용하기 쉬운 디자인(Usable)

우리의 생활에는 아무리 안전을 강조하고 있다 하더라도 불의의 사고가 일어나기 마련이다. 사고에 대한 예방책을 마련하였지만 또 다른 예측 불가능한 사고 요인이 종종 발생하기 때문이다. 이러한 만약의 사고가 발생했을 때 필요한 것이 바로 사용성이다.

사고의 발생 시 위험에서 빠르게 대처하는 것이 피해의 규모를 줄이는 방법이다. 사고 현장으로부터 대피 또는 사고에 대응하기 위하여 명확한 정보전달과 간결한 사용법이 디자인에 적용되어야 한다. 이것은 정보를 단순화 시켜 사용에 대한 기대와 직관력이 일치할 때 가능하다.

이를 위해 픽토그램과 형태, 음성, 효과음 등 직관적판단이 수월한 정보전달수단이 사용되어야하며, 사용자가 사용해야하는 제품은 간결한 동작으로 사용가능해야하고, 적절한 자세와 실수에 대한 배려가 고려되어야한다. 공간에서는 최단거리를 위한 직선화와 동선의 분리, 개방성등이 고려되어야 한다.

▲ 월드컵경기장역

▲ 양재역

간결한 사용법과 명확한 정보 전달이 사용을 편리하게 한다,

(3) 접근성이 좋은 디자인(Accessible)

안전요소가 포함된 디자인은 모든 사용자가 쉽게 확인 가능하도록 해야 한다. 사고가 발생했을 경우에는 누구나 정신적 공황상태를 겪게 되고 이성적인 판단이 힘들어지는 경우가 많다. 이때 안전요소가 포함된 디자인이 쉽게 발견되지 않는다면 사고당사자는 더욱 혼란을 느끼게 되고 자칫 2차사고로 이어진다.

이를 예방하기 위해 안전디자인 결과물은 언제나 접근성이 좋은 곳에 위치시켜야 한다. 일상적인 생활의 공간은 물론이고, 공공공간과 다수의 이용자가 동시에 사용하는 공간도 포함되어야한다.

하나의 예로 비상구로 접근하는 동선과 문손잡이의 위치가 접근성에 부적절한 경우 문제가 발생하는 것은 당연하다. 평소에는 사용상 문제가 없지만 사고 시와 같은 특별한 경우를 고려하여 여유 있는 공간으로 디자인 되어야하는 것이다. 그리고 신체조건과 문화 환경이 다른 사용자가 모두 사용가능할 수 있도록 디자인 프로세스상에서 고려되어야 한다.

▲ 5호선 동대문역사문화공원역의 아일랜드 방식과 신분당선의 벽체 매입 방식

지하철 내 구난장비, 비상시에 사용되는 구난장비는 사용자가 접근하기 좋은 위치에 배치되어야 하고, 시각적으로도 위치의 파악이 명확해야한다.

(4) 배려하는 디자인(Careful)

대체적으로 디자인된 결과물들은 일반적인 다수의 사용자를 대상으로 디자인되었다. 그러다보니 사회적소수자들의 배려가 부족한 채로 노출되는 경우가 있다. 사회적 소수자의 경우 일반인과 같은 위험상황에서도 상대적으로 더 큰 위험요인을 갖기 때문에 안전부분에서의 배려는 그 어떤 분야보다 중요하다. 실제로 대형건물의 화재발생 시, 일반인보다는 장애인의 사고율이 높다.

또한 문화가 다른 외국인의 경우 위험을 인지하는 인식이 다를 수 있다. 픽토그램은 국제적으로 통용되는 디자인을 사용하여 언어와 생활 습관에 관계없이 위험 요소로부터 방어가 가능하도록 배려해야 한다. 이는 소수의 사람에 대한 배려의 규범과 디자인의 미흡에 그 문제가 있다. 그렇기에 안전디자인 누구나 차별감이나 불안감을 느끼지 않도록 평등하게 배려해야한다.

또한 배려는 물리적 배려 뿐 만 아니라 프라이버시와 같은 정서적 안전에 대한 배려까지 포함해야한다.

▲ LED 안전유도블럭, 에스엘테크

LED를 활용한 점자블럭은 시각장애우의 안전한 보행을 유도한다. 또한 야간에 시각적 경계를 명확히 함으로써 일반인들의 보행안전에도 기여한다.

◀ Life Straw, Vestergaard Frandsen

특수한 상황을 위한 디자인 활동이 전개되고 있다. 아이티 구호활동의 일환으로 각종구호단체에서 사용하는 라이프 스트로우는 박테리아를 비롯한 유해한 세균을 박멸할 수 있어 질병예방에 효과적이다. 제 3세계의 삶을 배려한 디자인 사례이다.

(5) 기능을 지원하는 디자인(Functional)

디자인은 어떠한 아름다운 형태를 가졌다 하더라도 기능이 충족되지 않으면 좋은 디자인이라고 할 수 없다. 그리고 기능은 안전보다 우선시될 수 는 없다. 디자인의 결과물은 그 기능의 목적에 부합해야하며 안전을 위한 최선의 방법이 포함되어야한다. 이를 위해, 사용자행태와 사용 환경 등을 면밀히 검토하여 파악해야한다. 하지만 안전디자인이 디자인 본연의 정체성은 해하지 말아야한다.

기능을 우선으로 디자인하되 결과물의 가치를 살리는 디자인적요소를 부합해야한다는 것이다.

◀ James Dyson, Dyson Air Multiplier

날개 없는 선풍기는 작동 중에 아이들이 손을 넣는 것과 같은 사고를 미연에 방지하는 훌륭한 기능과 함께, 시각적 경쾌함도 선사한다.

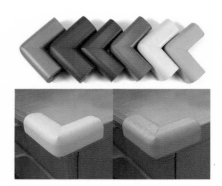

문이나 테이블의 모서리에서 발생할 수 있는 사고들로부터 신체를 보호해주는 모서리부상방지제품.

(6) 관찰하고 방안을 도출하는 디자인(Maintenance)

디자인의 결과물은 사용성에 대하여 밀접한 관계를 갖고 있다. 안전디자인은 더욱 그 성향이 강하다. 위험하지 않은 상황에서는 안전에 대한 관심도가 낮으나 사고가 발생하였을 때에 그 필요성이 집중된다. 이는 디자인 프로세스에서도 나타나는데 명확한 상황과 사용자의 특성이 주어지지 않은 경우, 어떤 안전요소가 필요한지 정확하게 파악하기가 어렵기 때문이다. 이와 같은 상황을 갖고 있으므로 안전디자인은 무엇보다 각종의 위험상황을 꾸준히 관찰하여 해결방안을 찾으려는 노력이 절실이 요구된다.

또한 안전디자인 3원칙에서도 보았듯이 위험요소는 안전디자인의 진화에 비례하여 진화하기 때문에 꾸준한 관리 및 평가를 통해 지속적으로 개선시켜 나가야한다.

안전디자인 프로세스

09

09

안전디자인 프로세스

Safety Design,
process

안전디자인 프로세스는 디자인 기획, 검증, 사후관리 등의 단계를 거치며, 프로세스 전 과정에서 사용자의 적극적인 참가 및 평가를 통하여 유해 위험요인을 제거한다.

안전디자인을 관찰하고 관리하는데 있어, 프로세스는 중요한 역할을 한다. 안전디자인의 3요소에서도 설명한 바와 같이 안전디자인은 프로세스에 의해 그 결과물의 변화가 다양하기 때문이다.

안전디자인은 크게 "문제제기", "분석", "검증", "디자인", "평가", "유지·관리" 로 진행된다. 이러한 과정을 통해 생산된 1차 결과물은 다시 "유지, 관리"에서 "문제 제기"로 이어지는 일련의 피드백과정을 통해, 꾸준히 위험요소에 대한 해결방법을 도출하여 수정된 결과물로 변화한다.

이 같은 프로세스상의 순환구조가 필요한 이유는 위험요소의 예측불가능성과 안전요소도입의 한계에서 비롯되는데, 위험요소를 예방하는데 주력한다 해도 다른 형태의 예측 불가능한 위험요소가 발생할 수 있기 때문이다.

1) 문제제기

문제제기의 방법은, "제품개발시의 안전디자인도입"과 "사고발생시 해결안"으로 두 가지로 나눌 수 있다.

제품개발 시 안전디자인도입은 여러 각도에서 위험요소를 검출하고 해결방안을 찾는 것으로써 중요한 단계이다. 사고발생시 해결하는 방법은 제품개발 시보다 수동적인 방법으로, 사안에 대한 명확한 해결제안 때문에 디자인은 용이하다.

그러므로 디자인 프로세스상 에서는 최초디자인에는 "제품개발 시 안전디자인도입"을 적용하고 보완부터는 "사고발생시 해결안"을 선택하는 것이 적합하다.

문제제기 시에는 디자인할 대상의 특징과 기본적인 안전을 위한요인들을 파악하는 것이 필요하다. 예를 들어 "공원의 안전디자인"을 수행 한다고 해서 시설의 안전만을 디자인하는 것은 부적절하다. 공원이 가지고 있는 역할과 기능 및 지역의 관계 이용자의 성향까지도 고려하여야 하여야 한다. 에 충실한 디자인요소와 안전디자인을 적절하게 조화해야한다.

2) 분석

분석단계에서는 제기된 문제를 효율적으로 파악하고, 해결방안을 디자인할 수 있도록 적합한 절차를 제시한다.

먼저 문제제기를 통해 발생한 위험요소가 발생하는 위기상황을 가상으로 수립하는 것이 좋다. 이를 통해 사용자의 사용패턴과 장소성 등 여러 주변요소를 파악한 후, 여러 상황에서 발생 가능한 위험요소를 검출해낸다. 또한 검증된 유사디자인사례를 확인하는 것도 방법이 될 수 있다.

이렇게 검출된 위험요소는 분석과 위험도 평가를 통해, 위험요소의 우선순위를 분류하고 이에 따른 디자인 해결방안을 만든다.

디자인 해결방안을 제시 할 때는 감지된 위험요소를 효과적으로 제거할 수 있는지를 중점으로 디자인해야하며, 1인의 디자이너보다는 다수의 디자이너가 함께 의견을 제시하는것이 좋다. 또한 안전과 디자인대상에 관한 관련전문가의 의견을 취합하여야한다.

분석단계에서는 위험요소를 되도록 치밀하게 검출하는 것이 중요하므로 과정을 데이터화하여 관리하여야한다. 이 데이터는 이후 "평가"단계에서 중요한 자료로 활용된다.

3) 검증

위험요소에 대한 해결방안이 적합한지를 판단하는 것이 검증단계로, "디자인"과정으로 넘어가기 전에 시간의 절약과 효율적인 진행을 가능하게 한다.

검증단계에서는 디자인과 안전이 적합하게 결합되었는가를 평가하고, 프로세스에서 문제를 확인한다. 이를 통해 누락될 수 있는 안전디자인요소를 첨가하여 위험요소를 최소화한다.

위험을 제거 할 수 없는 경우에는 사용 시, 위험통제조치에 관한 정보를 제공해야한다. 이와 관련된 모든 정보는 제조사, 공급자, 제품의 사용자에게 전달되어야한다.8)

검증 시에는 객관적인 안전디자인규칙이 필요한데, "안전디자인 가이드라인"과 같은 전문성 있는 디자인검증체계가 그 예이다. "안전디자인 가이드라인"은 인체공학과 산업공학, 법률을 기반으로 디자인적 관점에서 제작되어야 한다.

---

8) 안혜신, 안전디자인 개념정립에 관한 기초연구 -호주 안전디자인원칙 가이드라인을 중심으로-, 한국디자인문화학회, 2012, p.184

4) 디자인

안전디자인은 안전에 대한 기능이 타 요소보다 우선된다. 여기서 말하는 안전에 대한 기능이란 공학과 법률을 넘어서 사용자가 디자인을 통해 직감적으로 위험을 예방하고 사고발생 시에는 신속한 사고대처가 가능하도록 디자인하는 것을 의미한다.

이런 안전디자인 해결방안은 사용자의 여러 감각을 이용하기 때문에, 한 가지 문제에 여러 해결방안이 있을 수 있다. 물론 여러 해결방안이 다 좋은 방법이라면 행복하겠지만, 디자인을 위해서는 환경과 사용자, 결과물의 특성에 적합한 최선의 해결방법을 선택하는 것이 중요하다. 이를 위해 사전단계에서 제시된 기준을 엄수해야한다.

디자인이 완료되면 테스트를 통해 결과물의 완성도 여부를 판단하는 것이 좋은데, 이때 위험요소가 발견되거나 사용자의 불편 혹은 의도되지 않은 사용으로 문제가 발생한다면, 디자이너는 즉시 분석단계로 돌아가 적합한 해결방안을 재조사해야한다.

디자인단계에서는 디자인결과물이 만들어지는 최종단계로 "디자인의 통합"이 필요한데, 디자인의 통합이란, 위험요소 해결을 위한 "디자인의 기능적 특성"과 결과물의 조형적 완성을 통한 "산업디자인 고유의 특성"이 결합된 것을 의미한다. 정리하자면 "기능"과 "조형"의 결합을 뜻하는 것이다.

5) 평가

디자인된 결과물은 적합한 절차를 거쳐서, 안전디자인을 반영했는지 확인해야한다. 확인 방법으로는 객관적인 데이터를 통해 제작된 "안전디자인 체크리스트"를 활용하는데, 체크리스트는 "검증"시 사용됐던 "안전디자인 가이드라인"을 기반으로 작성되어야한다.

체크리스트에는 안전디자인프로세스 전반에서 적합한 절차와 확인사항의 확인 유무, 적절한 해결방안 등을 평가하는데, 평가방법은 문서확인, 참여디자이너확인, 디자인일정확인 그리고 결과물확인으로 나눌 수 있다. 평가는 일정자격이 있는 안전디자인 심사관이 객관적으로 평가하도록 한다.

안전디자인은 사고를 최대한 예방하는 것이 최우선이나 안타깝게도 완벽한 안전은 없기 때문에 체크리스트에 의한 평가는 "적합", "가능", "보통", "부적합" 정도로 나누어야한다.

안전디자인심사관은 체크리스트를 통해 보이지 않았던 잔여위험의 통제를 디자이너에게 권고할 수 있다.

이후 부적합으로 판정된 결과물은 다시 분석단계부터 디자인을 시행하여야한다.

6) 유지 및 관리

평가과정에서 적합하다고 결론이 난 최종 결과물들은 우리 생활전반에 도입되어 우리를 위험의 요소로부터 지켜줄 것이다. 그러나 결과물은 시간이 지남에 따라 파손되게 마련이다. 파손은 물리적 파손뿐만 아니라 사용 환경의 변화로 인한 사용 패턴의 변화, 사용성의 저하도 포함된다.

이는 무형적 결과물인 정책부분에서도 마찬가지다. 예를 들어 도로에 만든 볼라드는 차량으로부터 보행자의 보행안전을 위해 설치되었지만, 파손으로 인해 꺾이거나 부러져서 내부철골이 외부로 돌출될 경우, 보행자의 안전을 위협할 수 있다.

또한 환경이 보행로에서 자전거도로로 변경되었을 경우, 운전자에 대한 위협요인이 된다. 이럴 경우 관리자를 주체로 하여, 제거나 적절한 시설로의 교체가 이루어져야한다. 이때 교체와 수리 시에는 변화된 환경과 결과물의 특성을 고려한, 새로운 안전디자인도입을 위해 문제제기 단계로 돌아가야 한다.

제거 시에는 환경을 고려하여 재활용 및 파기를 나눠 진행해야하며 결과물의 파기 시에도 환경기준에 적합하게 이루어져야한다.

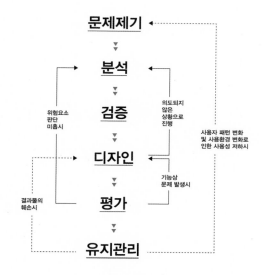

▲ 안전디자인 프로세스
〈한국안전디자인연구소 Korea Safety Design Lab, 2012〉

안전디자인의 미래 방향

10

10

안전디자인의 미래 방향

Safety Design,
Future Direction

1) '불안의 시대'에 안전디자인

우리 주변의 공간은 사람들의 지나온 시간과 오늘의 삶을 담으며, 새로운 형태와 방식으로 변화해왔다. 도시는 삶의 편의성을 제공하는 동시에 많은 위험의 잠재적 요인을 가지고 있다. 이를 예방하기 위해 도시를 이루는 수많은 요소들에 대하여 디자인과 시공 및 유지관리에 많은 법적 기준을 적용하고 있다. 하지만 많은 도시들은 법적기준에는 만족했을지 몰라도 시민에게는 많이 열악하다.

도시의 발달과 사람이 모이고 생활하는 것으로 인하여 발생하는 다양한 문제를 해결하기 위한 방법에는 "분산"과 "개편"이 있다. 인구 밀도가 높아지면서 공간의 이용도와 사용량의 증대는 화재, 가스폭발, 테러, 침수 등 각종 대형 사고를 발생시킬 위험성 또한 내포하게 된다. 이와 같은 재난에 대비하고 사고 시 효율적인 피난을 위해, 많은 부처에서 다수의 법적규제를 시행하고 있다. 그러나 사고의 예방을 위한 방법들은 위험에 충분히 대응하기에 만족스러운 상황은 아니라고 보인다. 장비 수량, 유도시스템, 피난로, 디자인 통일성, 주시성, 사회적약자 배려 등등에서 쉽게 찾을 수 있다.

◀ 코엑스

서로 다른 형태의 비상구 표지는 비상시 동선의 혼란을 유도한다.

◀ 고속터미널

상업사인에 가려져 제역할을 못하는 피난유도 표지는 비상시 2차 재난을 초래한다.

우리주변에는 복합 공간 이외의 장소에도 수많은 잠재적 위험요인들이 있다. 우리가 살고 있는 주거공간에도 화재와 범죄의 위험이 있고, 거리에는 각종범죄와 안전사고의 가능성이 있으며, 건물내부는 붕괴, 홍수, 테러 등의 위험이 있다. 공간을 중심으로 분류했을 경우뿐 일까? 연령대별, 시간대별 등등 여러 관점을 중심으로 분류했을 때도 많은 문제를 내포하고 있을 것 이다.

물론 법을 기반으로 한 행정적 안전규제의 문제로만 볼 것은 아니다. 이 같은 위험요인을 최소화하기 위해 국가와 각 부처는 법률과 제도를 통해 "시스템에 대한 안전"을 구축하였고 이러한 규제는 각 부처의 상황과 업무영역에 적합하게 만들어졌으며, 시설도 그에 따라 적절히 사용되었다. 그러나 지하복합공간에서의 예에서 보았듯이 관리자들이 만들어낸 안전규제는 사용자가 위험 상황을 예방하고 즉각적으로 발생한 상황에서 벗어나도록 유도하는데 한계가 있다.

기존 법령체계위주의 안전프로그램은 공학적 접근을 기반으로 구조적 기능에 중심을 두었다. 이런 안전프로그램은 관련분야의 실무자가 아니면 분산된 법령의 연계를 이해하는 것이 어려우며, 그나마도 부처별로 상이한 기준을 가지고 있어 수평적 업무연계의 미흡으로 나타날 수 있다. 이는 사고 시 신속하고 효율적인 협조체계가 힘들어진다는 것을 의미한다. 또한, 행정위주의 법률적용은 비합리적인 일방적 규제를 초래하고 이는 적극적 사용성의 저하로 이어진다.

이를 종합해 볼 때, 직감적이고 감성적이며, 쉬운 사용을 유도하는 디자인적 배려가 미흡하다는데 이 문제의 핵심이 있다. 실무자는 실무자이지만 당사자는 아니기 때문이다.

◀ 벤츠 S600L 전동식 좌석시트

▲ 현대 에쿠스 전동식 좌석시트

지원성(Affordance)이 고려된 디자인이 직감적이고 감성적이며 쉬운 사용을 유도한다, 이러한 배려는 운전 중 조작미숙으로 인한 사고를 예방한다.

문제를 해결하기 위한 한 가지 해결책이 바로 안전디자인이다.

안전디자인은 기존의 법령체계가 가지고 있는 안전기능에 디자인기능을 접목하였다. 이를 통해, 사용자를 중심으로 배려하여 적극적 참여를 유도하는 디자인을 구현하고자한다. 이는 기존의 법령체계중심의 권위적이고 수직적인 프로그램을, 사용자중심의 수평적인 안전프로그램으로 변화시킬 것이다.

사용자중심의 안전디자인은 체감을 통한 쉬운 이해, 감성적, 직접적인 시스템구축, 소수자를 위한 수평적 배려, 사용성을 극대화 할 디자인요소도입으로 가능하다.

결국 안전디자인은 구성원들이 안전한 생활을 영위하기 위한 도구로, 사회적 예방, 대응과 생활 속 문화진흥을 이뤄낼 것이다.

이렇듯 안전기준의 수치적 제시를 넘어 선진국 수준의 삶의 질을 확보하기 위해 사용자가 체감할 수 있는 총체적환경을 제공하는 것이, 안전디자인이 지향하고 있는 방향이다.

2) '안전의 시대'로

사회가 구조적으로 발전하며 발생되는 불확실성은 구성원들에게는 불안으로 다가왔다. 불안은 먼저 새로운 것에 대한 두려움에서 시작하여, 변화하는 생활에 대한 부적응을 초래했고, 이내, 일방적으로 관리해야 효율적인 체계가 완성된다고 생각하는 권위주의적 구조사회를 만들었다.

이런 구조는 경제적개발 논리를 중심으로 사회 여러 분야에서 나타나는 현상이다.

특히 안전에 대해서 우리의 대처는 너무도 수동적이고 소극적이었다. 법령체계와 그것이 만든 구조에 맞추기 급급했던 안전요소도입은 결국 잠재적 위험의 증가를 가져왔다. 이제 잠재적 위험요인이 우리 눈앞에 어느 시점까지 와있는지 누구도 모른다. 그야말로 "불안의 시대"인 것이다.

이를 방치한 것은 권위주위와 중앙집권적 통제에 무턱대고 기댔던 사회구성원들과 안전에 관해서는 너무도 관대한 잣대를 가졌던 관리주체였다. 그리고 이를 방치한 디자이너들에게도 문제가 있다. 몇몇 디자이너들은 의문을 가질 것이다. 디자이너에게 너무 큰 사회적 짐을 지우는 것이 아니냐고…, 하지만 인간의 "삶의 질"을 높이는 직업중 하나가 디자이너라면 디자이너도 어느 정도의 사회적 책임은 가져야한다.

화려하게 수 없이 쏟아지는 자본주의적 디자인결과물에 심취해, 기본적인 생활을 영위하는데 기본중의 기본인 안전을, 디자이너들이 어느 순간부터 묵과해왔던 것도 부정할 수 없는 현실이기 때문이다.

안전요소는 꼭 필요하지만 왠지 재미없고 보수적인 느낌 때문에 감각적인 것을 추구하는 디자이너들의 관심순위에서 벗어났을 수 도 있다. 관심 있을 때라면 공모전을 할 때 정도 일까?

물론 디자이너를 포함한 사회 전반의 노력이 없었던 것은 아니다. "불안의 시대" 에서도 안전을 위한 기술개발과 디자이너들의 노력, 정책적방향제시가 있었다.

다만 안전디자인은 안전에 디자인적 가치를 부여하고자한다. 이를 통해 한 단계 성숙하고 발전된 안전에 대한 인식과 사회적관심이 철저한 프로세스아래 적극적으로 이루어져 더 큰 효과를 낼 수 있을 것을 기대하는 것이다.

이는 불안에서 안전으로, 불확실에서 안정으로 가는 시대적 흐름에 기여하며 디자이너의 사회적 역할을 강화하는데 기여할 것이다. 그리고 사회는 "안전디자인의 시대"로 첫 발을 내 딛게 된다.

이렇게 안전디자인은 기존의 안전과 디자인의 역할에 대한 패러다임을 재정립하는 시발점이 될 것이다.

안전디자인은 적합한 프로세스를 통하여 기능적 디자인의 지원이 체계화되고 현실에 적용된다면 개인에서 사회로, 사회에서 환경으로 다시 개인으로 돌아오는 위험순환의 고리를 차단하는 큰 역할을 할 것이다. 이를 통해 안전디자인이 우리생활 전반에 자리 잡게 되고, 사고의 발생률을 낮추고 위험에 적극적 대응이 가능하게 될 것이다.

그리고 비로소 우리는 수동적이었던 구조적안전규범에서 진화해 보다 적극적으로 위험에 대처가능한 수평적 안전사회를 구현하게 된다.

3) 행복을 보장하는 "안전디자인"

"디자인을 통한 안전한 생활환경 만들기"로 대변되는 "안전디자인"은 우리의 삶에서 두각을 나타내지 못했던 안전을 우리의 곁으로 더욱 친근하게 다가오게 만드는 계기로 작용하며, 기존의 안전 취약부분과 사회변화과정 속에서 증가하는 물리적, 문화적으로 다양한 위험잠재요인을 줄여줄 것 이다. 이를 위한 구체적인 방법으로 디자인프로세스와 엔지니어요소를 융합한 전문적인 디자인프로세스를 도입하여야한다. 이를 통해 안전기준의 수치적 제시를 넘어 구성원이 체감할 수 있는 총체적환경을 구현할 수 있다. 이는 안전디자인의 체계가 보다 합리적으로 구분이 되고, 각 분야별로 전문성을 가진 안전디자인 연구가 필요함을 의미한다.

이제 사회에서 요구하는 안전은 기존의 수치적인 기준과 법적규정을 통합한 생활문화로 자리잡아야하며, 부분이 아닌 총체성에 의거한 사용자위주의 "안전디자인"이 필요한 시점이 되었다.

이제 "불안의 시대"가 가고 "안전디자인의 시대"가 오고 있다.

〈참고 문헌〉

도서 및 논문 ▬▬

- Voice of Design Special Issue "SAFETY & DESIGN"
- European Dream , Jeremy Rifkin
- Design for Real World, Victor Papanek
- 공공성, 김세훈, 현진권 외, 미메시스, 2008
- 공공디자인행정론, 권영걸 외, 날마다, 2011
- 공공디자인실무, 이경돈 외, 한국산업인력공단, 2013
- 공동주택 범죄예방 설계의 이론과 적용, 이경훈 외, 문운당, 2011
- 도시범죄대책으로서의 CPTED, 박현호, 2007
- 범죄예방을 위한 공동주거단지의 환경계획에 관한 연구, 원선영, 2010
- 범죄예방을 위한 스마트 안전도시 구축방안, 이재용 외, 국토연구원, 2013
- 안전디자인 정립에 관한 기초연구, 안혜신, 2012
- 인간심리행태와 환경디자인, 배현미 역, 보문당, 2006
- 재난안전 이론과 실무, 송창영, 예문사, 2011
- 지하복합공간의 안전디자인가이드라인에 관한 연구, 최정수, 2011
- 환경설계를 통한 범죄예방, 최응렬, 한국학술정보, 2006

웹사이트 ▬▬

01. 생명과 환경 그리고 인간
     club.pchome.net/thread_1_15_5410210___546906390.html

02. 인간의 욕구
     blog.naver.com/really1223?Redirect=Log&logNo=40118827699

03. 인간의 환경과 재난
     pixabay.com
     terms.naver.com

www.donga.com
www.kosha.or.kr
www.wikipedia.org
www.kesi.or.kr
www.google.com

04. 안전에 대한 관심
www.safetytv.co.kr

05. 안전디자인이란 무엇인가
www.safetydesign.net
www.wikipedia.org
www.thermos.kr
www.spacetalk.co.kr

06. 안전디자인의 영역
www.spa-korea.com

07. 안전디자인의 적용
www.safetydesign.net
sculture.seoul.go.kr/design
www.designseoul.or.kr
www.barunson.co.kr
www.britax.co.kr
www.epeugeot.co.kr
www.gyotonggn.com
www.thermos.kr
navercast.naver.com/contents.nhn?contents_id=3996
navercast.naver.com/contents.nhn?contents_id=4916
www.hovding.com
www.i-safe.kr
www.mercedes-benz.co.kr
www.hyundai.com
www.bmw.co.kr

www.caricos.com
www.volvocars.com/kr
www.japanesesportcars.com
www.kristine-erdmann.de
www.lifesaversystems.com
www.newcosmopower.com
www.hobidas.com/blog/kagu/info/archives/2007/05/exit_to_safety.html
www.etc.cmu.edu/projects/hazmat_2005
www.chosun.com
www.kcdf.kr
www.safetydesign.net
www.designflux.co.kr
www.designagainstcrime.org.uk
blog.naver.com/designnomade?Redirect=Log&logNo=120174852159
www.peacekeeping-design.org/PKDk/menu_project.html
www.ems.styker.com
www.antennadesign.com
hyundaimobis.tistory.com
www.happyway-drive.com
www.wikipedia.org
www.seoul.go.kr

08. 안전디자인의 원칙

www.safetydesign.net
www.livingparadise.net
www.artlebedev.com
www.sltech.biz
www.vestergaard-frandsen.com
www.jamesdysonaward.org

09. 안전디자인 프로세스

www.safetydesign.net

10. 안전디자인의 미래 방향

vanmary.tistory.com

──── **저자 약력**

■ **이 경 돈**

사)한국공공디자인학회 회장 역임
사)한국색채학회 회장 역임
서울시 디자인서울총괄본부 기획관 역임
신구대학교 공간시스템학부 교수

■ **최 정 수**

한국안전디자인연구소 소장
사)한국공공디자인학·협회 이사
삼육대학교 환경그린디자인학과 겸임교수
건국대학교 산업디자인전공 외래교수
청운대학교 교양학부 외래교수

SAFETY DESIGN

안전디자인

초판인쇄　2014년　7월 20일
초판발행　2014년　7월 30일

글 쓴 이　이경돈 · 최정수
펴 낸 이　이 석 환
펴 낸 곳　서우출판사
등　　록　제8-159호
주　　소　서울시 은평구 대조동 188-8
전　　화　(02)383-1696, 1697
팩　　스　(02)387-9578
정　　가　13,000원

ISBN　978-89-97153-55-8　93540